U0061287

4-5歲 上

幼稚園腦力
邏輯思維訓練

何秋光 著

新雅文化事業有限公司
www.sunya.com.hk

幼稚園腦力邏輯思維訓練（4-5歲上）

作　　者：何秋光
責任編輯：趙慧雅
美術設計：蔡學彰
出　　版：新雅文化事業有限公司
香港英皇道 499 號北角工業大廈 18 樓
電話：（852）2138 7998
傳真：（852）2597 4003
網址：http://www.sunya.com.hk
電郵：marketing@sunya.com.hk
發　　行：香港聯合書刊物流有限公司
香港荃灣德士古道220-248號荃灣工業中心16樓
電話：（852）2150 2100
傳真：（852）2407 3062
電郵：info@suplogistics.com.hk
印　　刷：中華商務彩色印刷有限公司
香港新界大埔汀麗路36號
版　　次：二〇二二年一月初版
二〇二三年一月第二次印刷

版權所有 · 不准翻印

原書名：《何秋光思維訓練（新版）：兒童數學思維訓練遊戲（4-5 歲）全二冊 ③》
何秋光著
中文繁體字版 © 何秋光思維訓練（新版）：兒童數學思維訓練遊戲（4-5 歲）全二冊 ③ 由接力出版社有限公司正式授權出版發行，非經接力出版社有限公司書面同意，不得以任何形式任意重印、轉載。

ISBN: 978-962-08-7899-2
©2022 Sun Ya Publications (HK) Ltd.
18/F, North Point Industrial Building, 499 King's Road, Hong Kong
Published in Hong Kong SAR, China
Printed in China

系列簡介

本系列圖書由中國著名幼兒數學教育專家何秋光編寫，根據 3-6 歲兒童腦力思維的發展設計有趣的活動，培養九大邏輯思維能力：觀察力、判斷力、分析力、概括能力、空間知覺、推理能力、想像力、創造力、記憶力，幫助孩子從具體形象思維提升至抽象邏輯思維。全套共有 6 冊，分別為 3-4 歲、4-5 歲以及 5-6 歲（各兩冊），全面展示兒童在上小學前應當具備的邏輯思維能力。

作者簡介

何秋光是中國著名幼兒數學教育專家、「兒童數學思維訓練」課程的創始人，北京師範大學實驗幼稚園專家。從業 40 餘年，是中國具豐富的兒童數學教學實踐經驗的學前教育專家。自 2000 年至今，由何秋光在北京師範大學實驗幼稚園創立的數學特色課「兒童數學思維訓練」一直深受廣大兒童、家長及學前教育工作者的喜愛。

目錄

概括能力

空間知覺

推理能力

想像與創造

記憶力

		九大邏輯思維能力								
		觀察能力	判斷能力	分析能力	概括能力	空間知覺	推理能力	想像力	創造力	記憶力
第 1 冊 (3-4歲上)	觀察與比較	✓								
	觀察與判斷	✓	✓							
	空間知覺					✓				
	簡單推理						✓			
第 2 冊 (3-4歲下)	觀察與比較	✓								
	觀察與分析	✓		✓						
	觀察與判斷	✓	✓							
	判斷能力		✓							
第 3 冊 (4-5歲上)	概括能力				✓					
	空間知覺					✓				
	推理能力						✓			
	想像與創造							✓	✓	
	記憶力									✓
第 4 冊 (4-5歲下)	觀察能力	✓								
	分析能力			✓						
	判斷能力		✓							
	推理能力						✓			
第 5 冊 (5-6歲上)	量的推理						✓			
	圖形推理						✓			
	數位推理						✓			
	記憶力									✓
	分析與概括			✓	✓					
第 6 冊 (5-6歲下)	分析能力			✓						
	空間知覺					✓				
	分析與概括			✓	✓					
	想像與創造							✓	✓	

練習 01

物品分分類

請你準備兩種顏色的彩筆，把每個框裏的物品分成兩類，然後把同一類物品下面的小圓圈塗相同的顏色，塗完後說一說它們屬什麼類別。

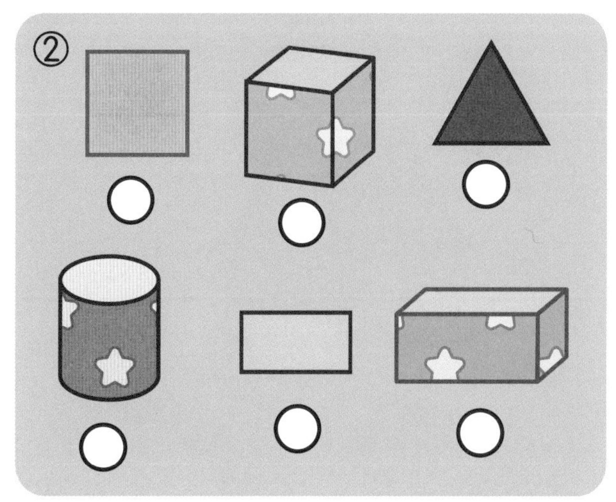

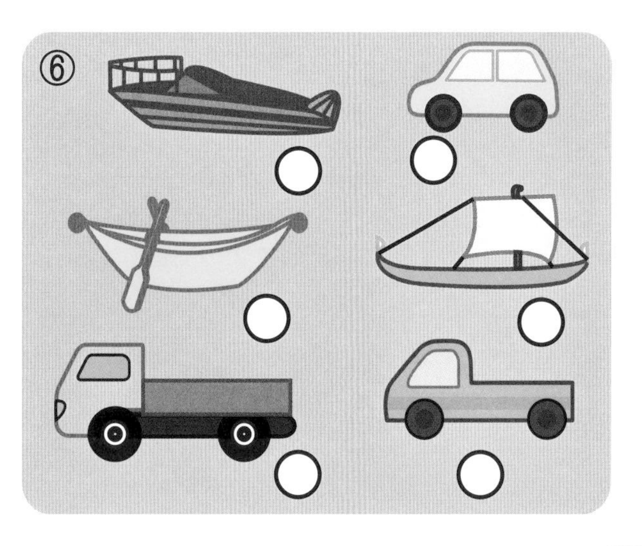

缺少了的衣物

狗媽媽為小狗準備了帽子、手套和圍巾。請你根據圖案把小狗跟相配的衣物連起來，然後幫小狗畫出缺少的手套和圍巾。

練習 03

物品有多少

數一數每類物品各有多少件，然後在下面塗上相同數量的方格。一個方格表示數量 1。

□ 表示數量 1

(動物)	(立體圖形)	(鞋)	(交通工具)	(平面圖形)

汽車有多少

數一數每種汽車各有多少輛，然後在下面塗上相同數量的方格。一個方格表示數量 1。

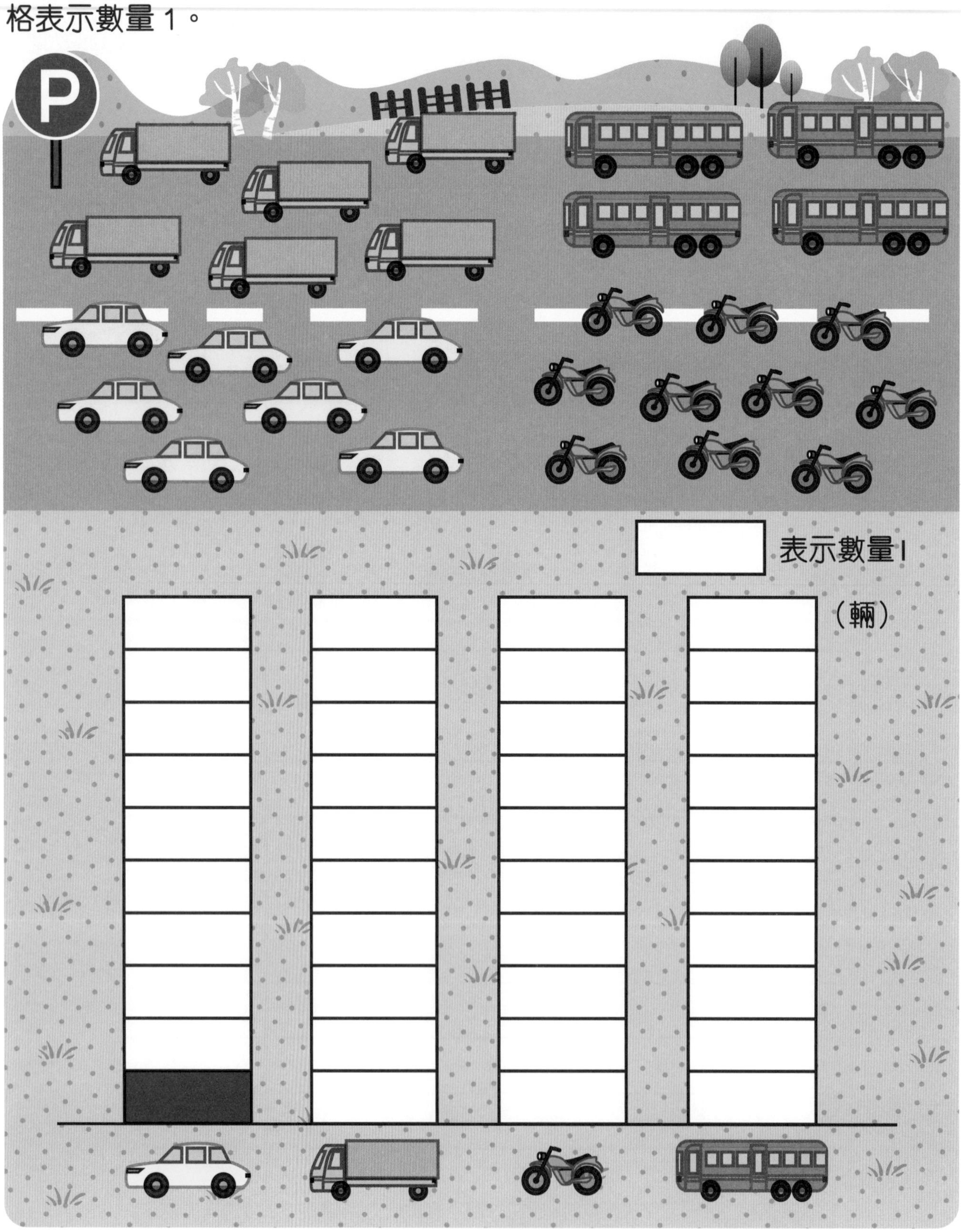

找斑紋

請在下面的圖案裏找出缺少的部分並跟斑馬連起來。

物品分組(一)

想一想下面哪兩種物品是一組，請你把它們連起來。

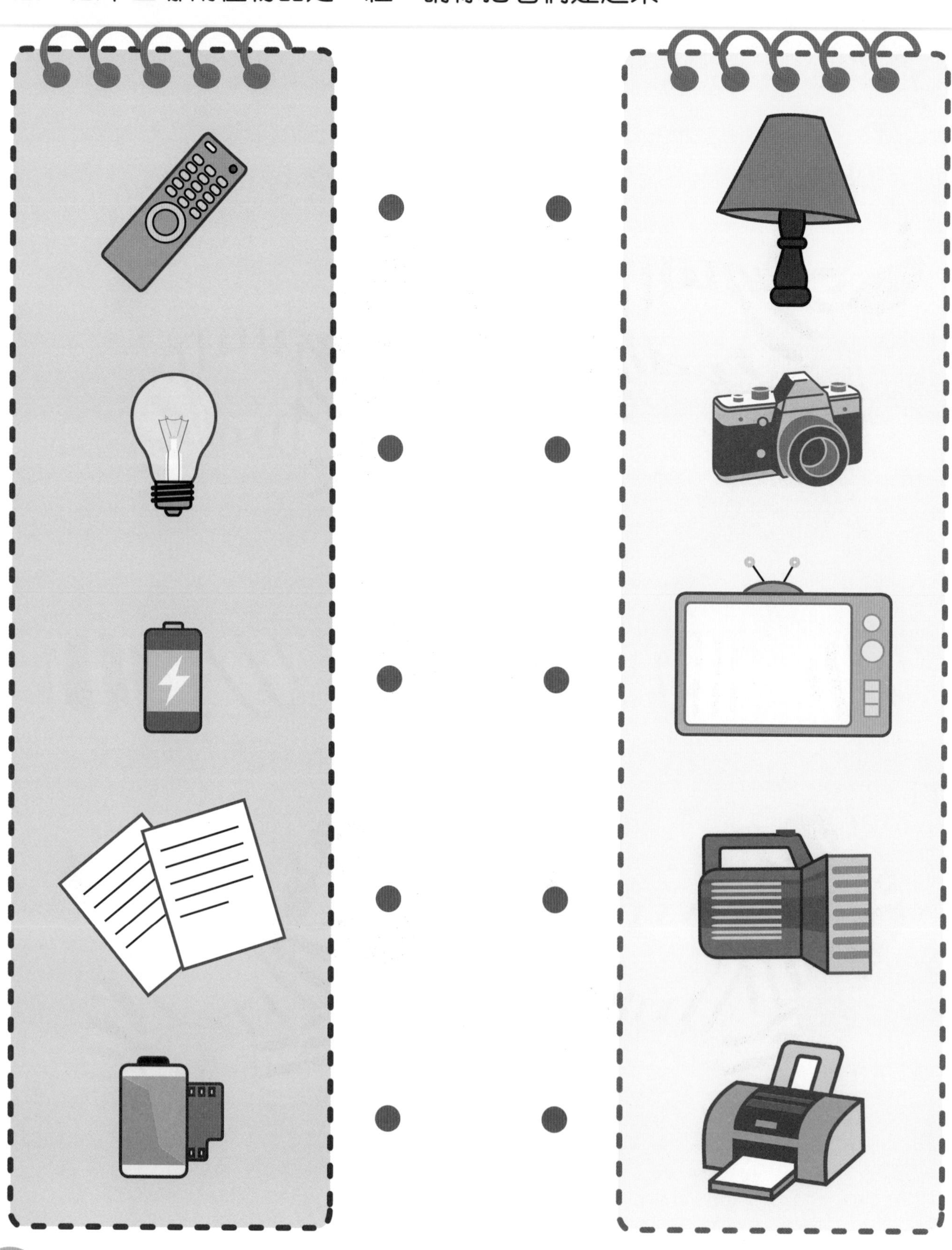

練習 07

物品分組(二)

想一想下面哪三種物品是一組，請你把它們連起來。

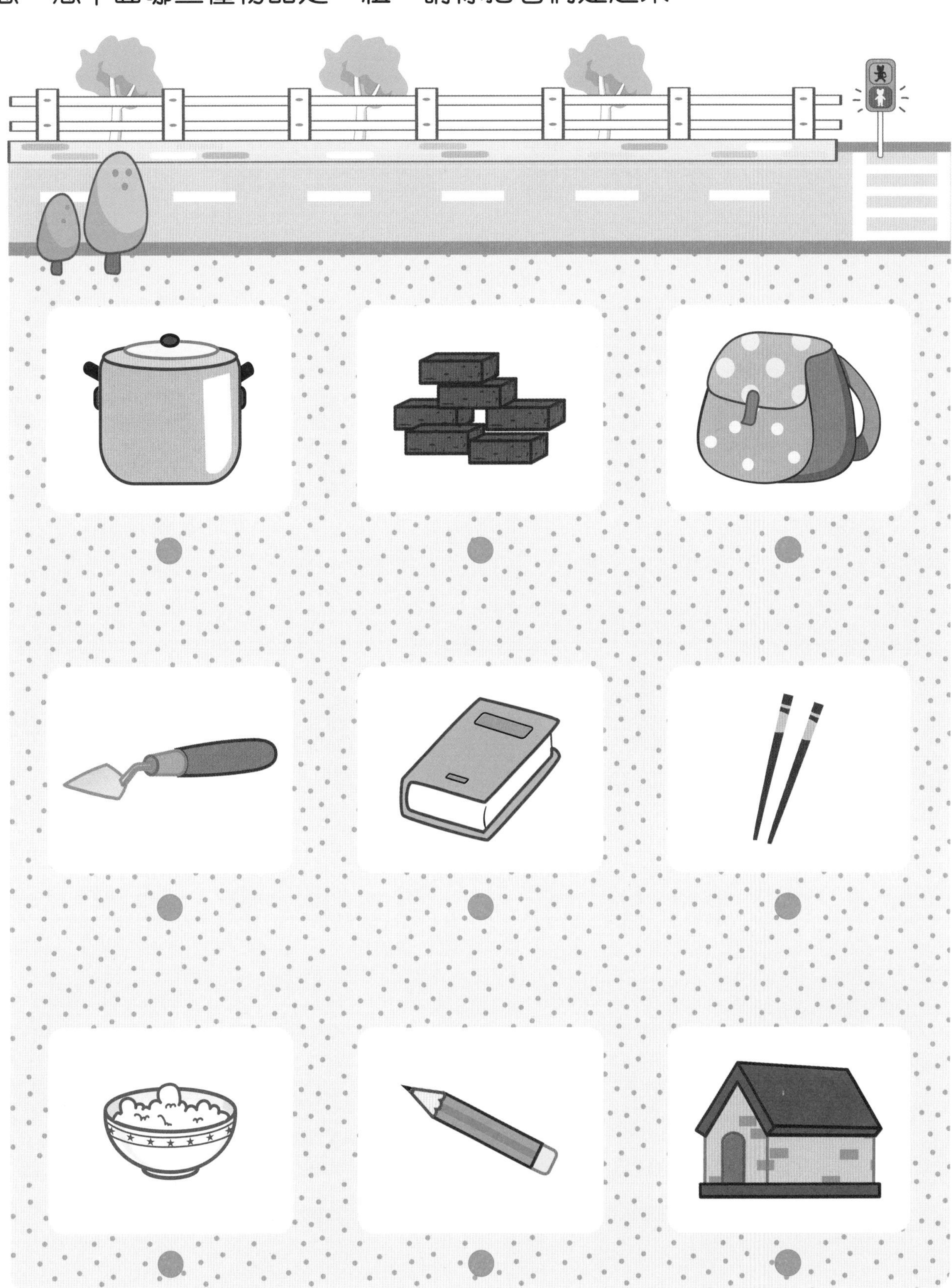

動物分類

農場圍欄裏分別圈養着家禽、家畜和野生動物。請你按此分類，從卡紙頁剪下活動卡，放在相應的圍欄裏。

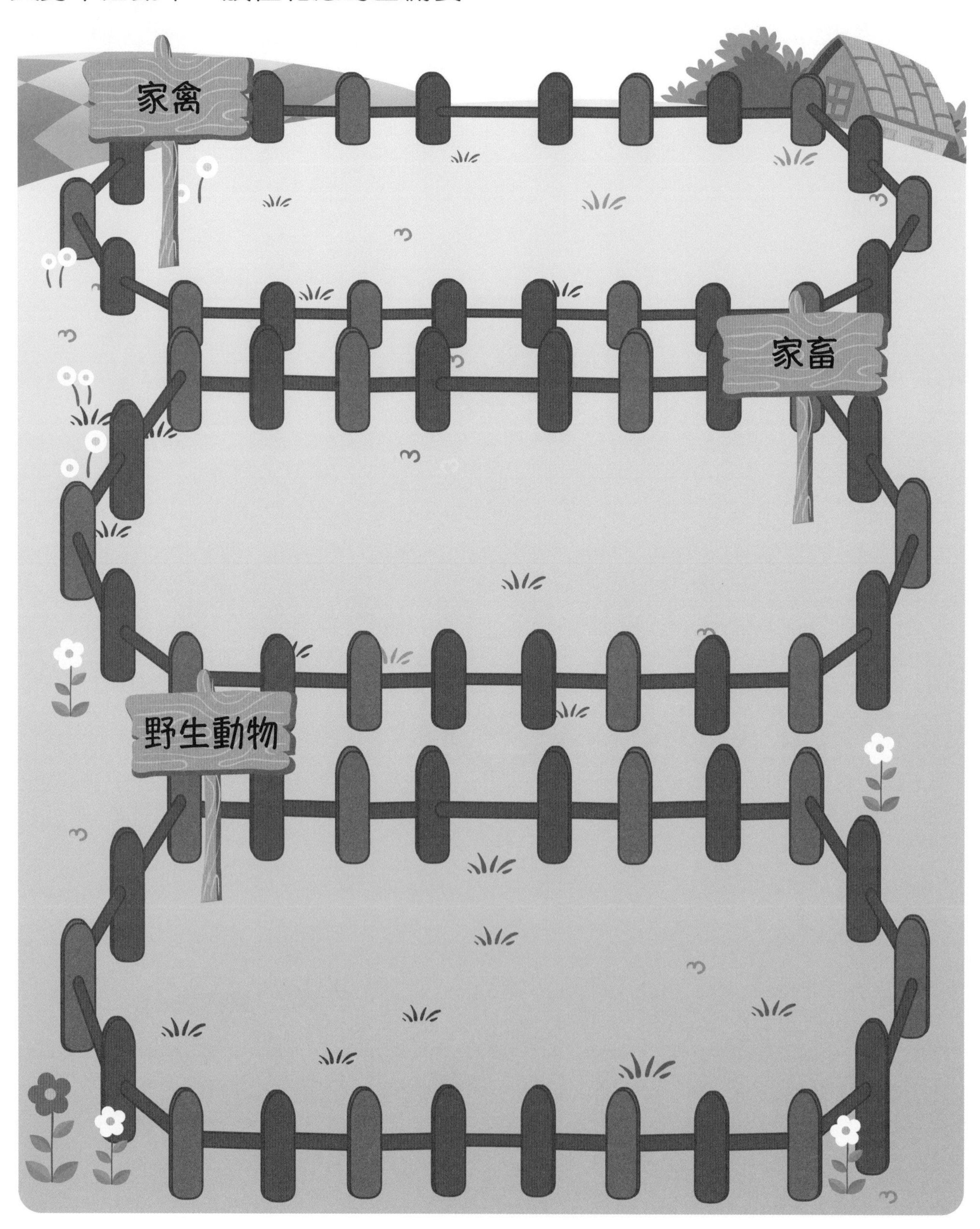

練習 09

不同的一個

下面每組物品中，哪一件物品和其他的不是同一類？請你把它圈起來。

逛超市

小貓、小狗和大熊貓在超市買了好多東西。請你從卡紙頁剪下活動卡，把物品分類，並按此分類將活動片放在三輛推車裏。

練習 11

物品的關係(一)

右框中的三種物品，哪一種與左框中的物品有關係，請你把它圈起來。

練習 12

物品的關係(二)

下面每組物品中，哪兩樣屬於同一類，請你把它們圈起來。

物品找主人

下面的物品分別屬於小學生、廚師和運動員。請你幫它們找到主人，在物品和主人下面的格子裏塗上同一種顏色。

練習 14

相同關係的物品

觀察左框中物品的關係，請你在右框中找出具有相同關係的物品，並把它們圈起來。

相同種類的物品

請你沿着同一種類物品畫出路線，幫助大熊貓回家。

練習 16

對應的顏色

先準備一盒彩筆，然後觀察下面這幅畫，每個數字對應一種顏色，請你把數字標記的範圍塗上對應的顏色。

1	2	3	4	5	6	7	8	9	10	11

練習 17

分類上架

請你從卡紙頁剪下活動卡，按物品的類別放在貨架上，完成後說一說這些物品同屬什麼種類。

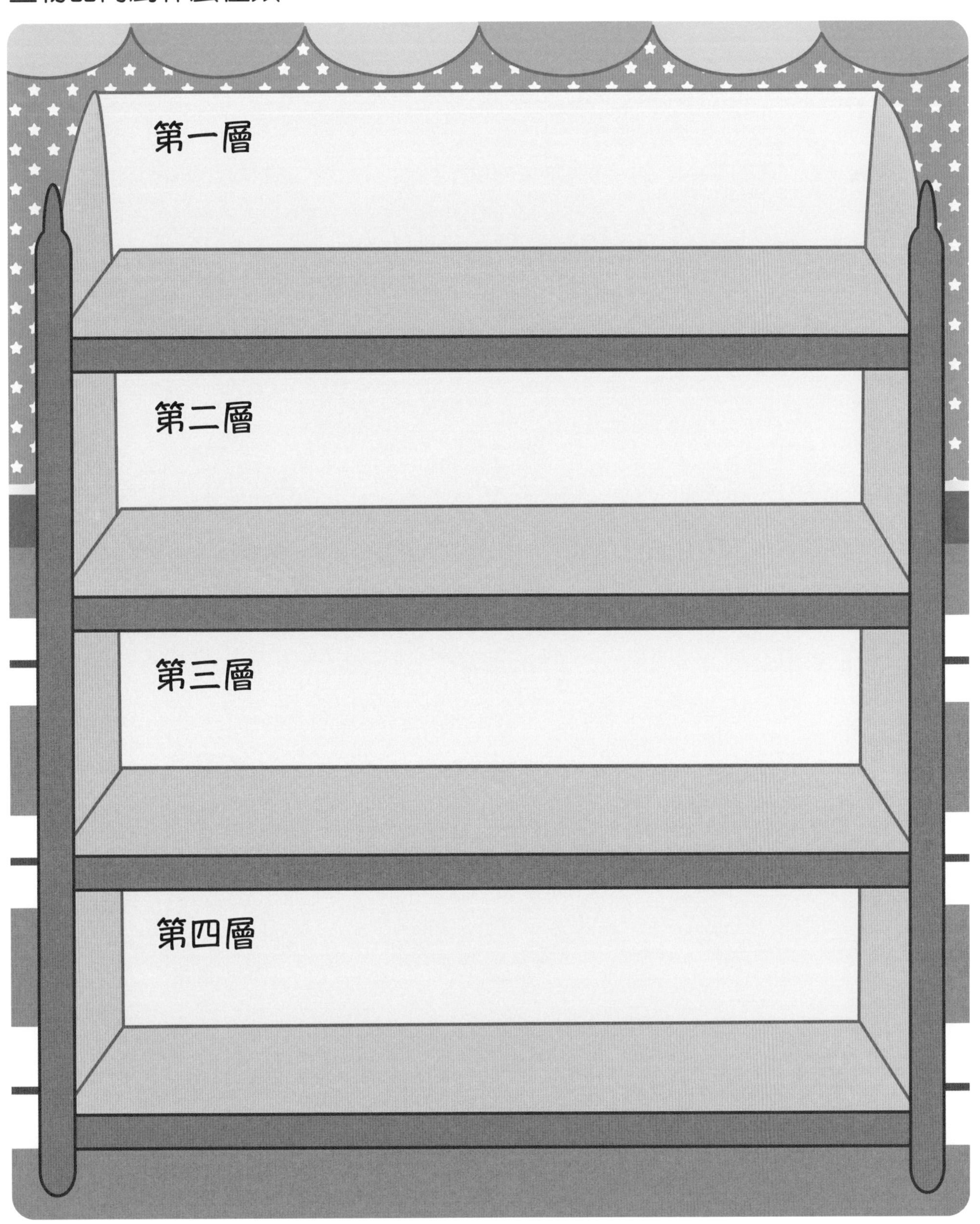

練習 18

轉盤上的圓點

觀察轉盤裏面小圓點的變化，在最後一個轉盤中畫出小圓點的正確位置。

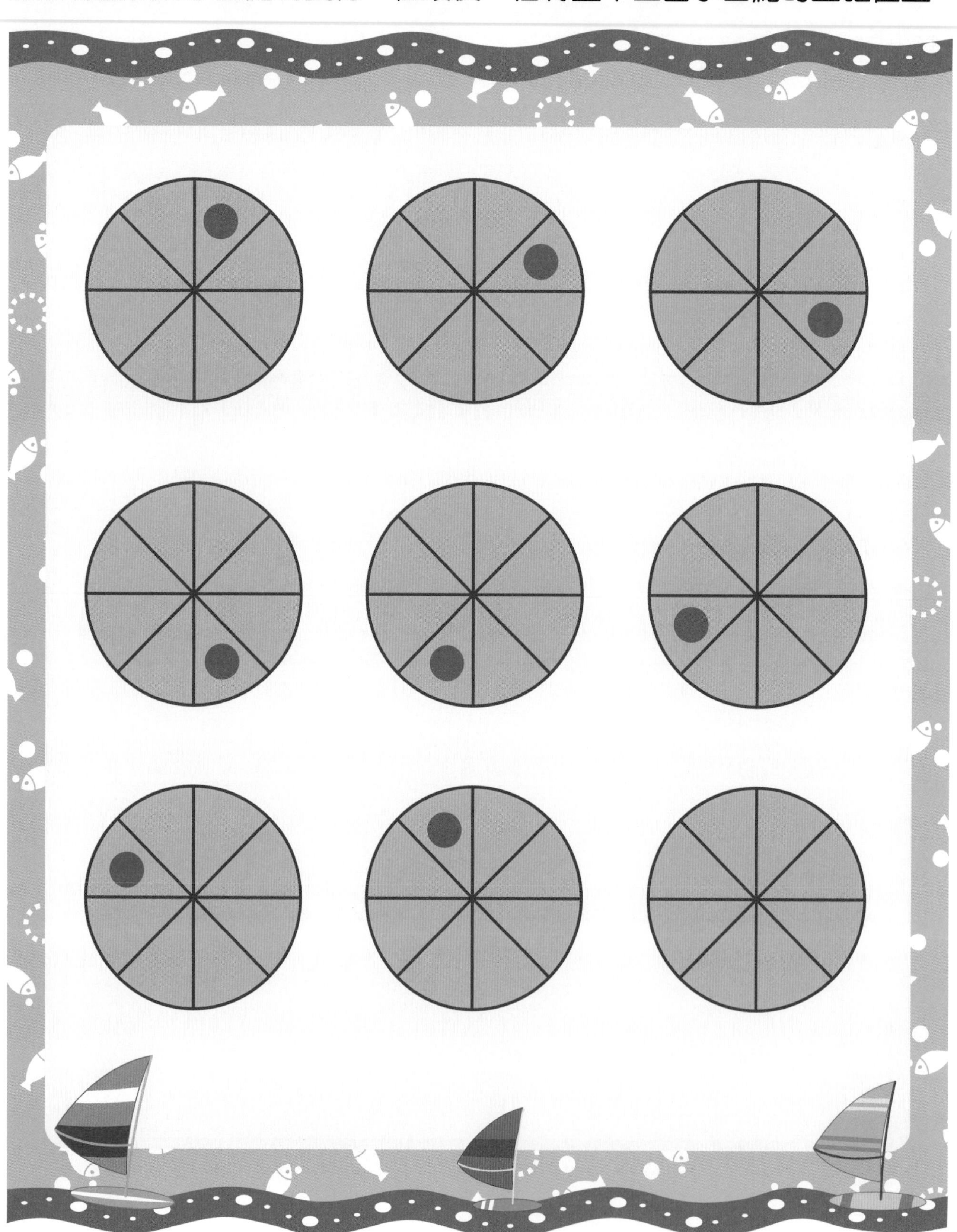

特定排序

請你分別按照由少到多、由淺到深、由近到遠、由低到高的順序給每組圖排序，並把數字填在圓圈裏。

例

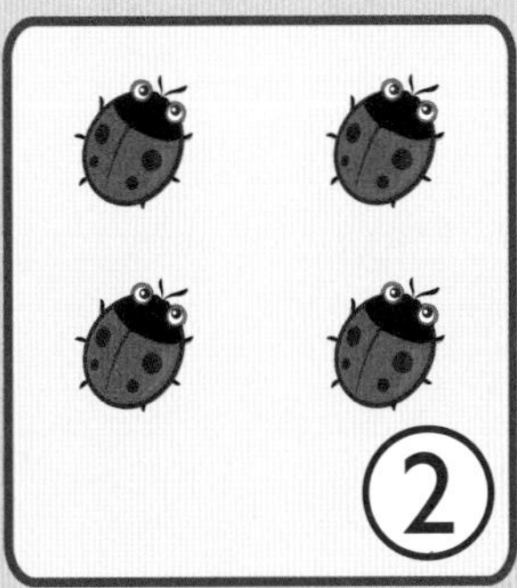

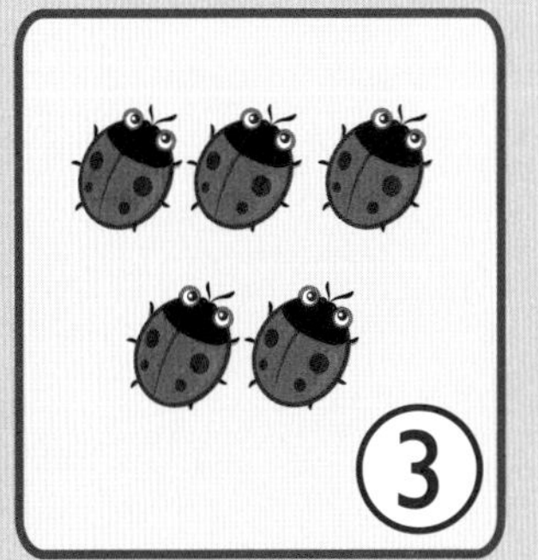

①

②

③

誰最前

請你找出每支隊伍中排在最前面的動物，在牠前面的格子裏塗色。

練習 21

誰最先

四隻蜜蜂比賽射箭。哪隻蜜蜂的箭會先射到靶子？請你把牠圈起來。

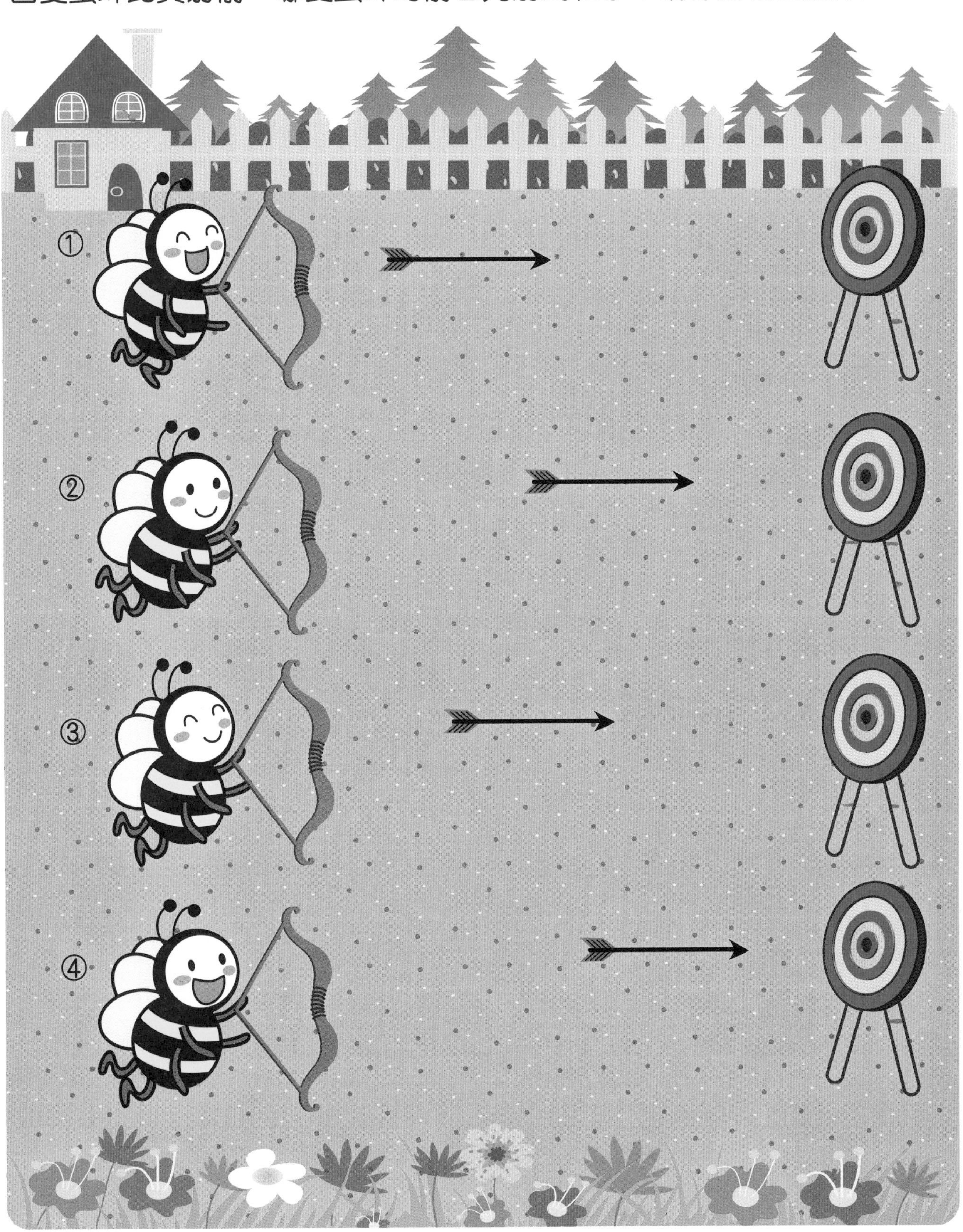

練習 22

一半機器人

方格圖裏的機器人只畫了一半，請你畫出另一半。

準備餐具

小猴子為客人們準備的餐具數量對不對？哪些多了，哪些少了？請你把多的刪掉，少的添畫上。

練習 24

左左右右

請你按照要求回答下面的問題，然後把答案寫在相應的括弧裏。

左　　　　右

從左往右數

 是第（　　）個。

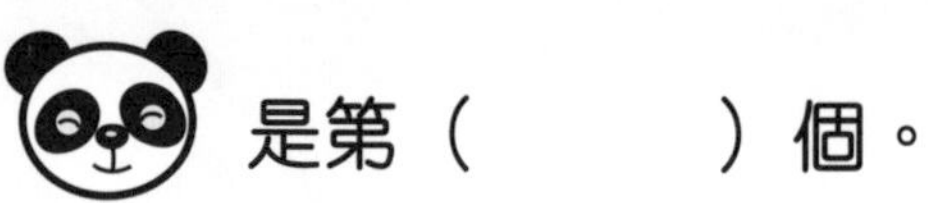 是第（　　）個。

 是第（　　）個。

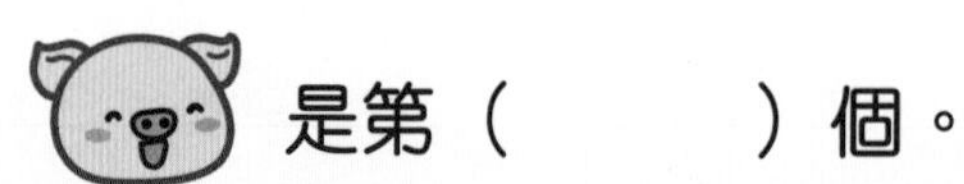 是第（　　）個。

從右往左數

 是第（　　）個。

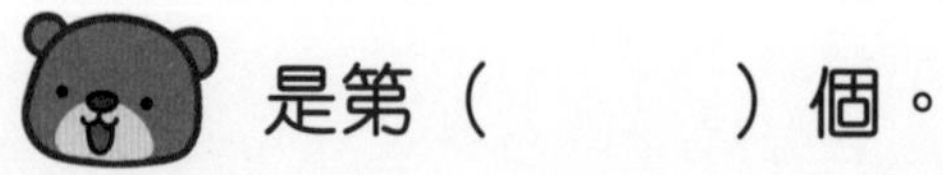 是第（　　）個。

 是第（　　）個。

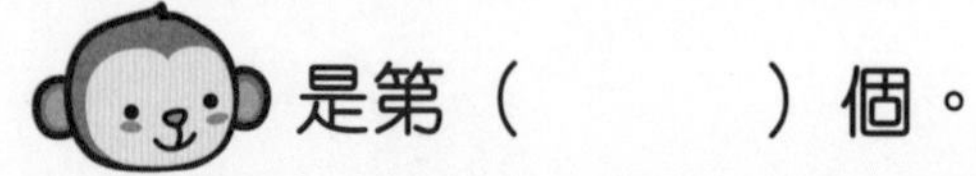 是第（　　）個。

圖形組成(一)

左邊的圖案是由右邊哪組圖形組成的？請你把兩組圖形連起來。

圖形組成(二)

左邊的圖案是由右邊哪組圖形組成的？請你把兩組圖形連起來。

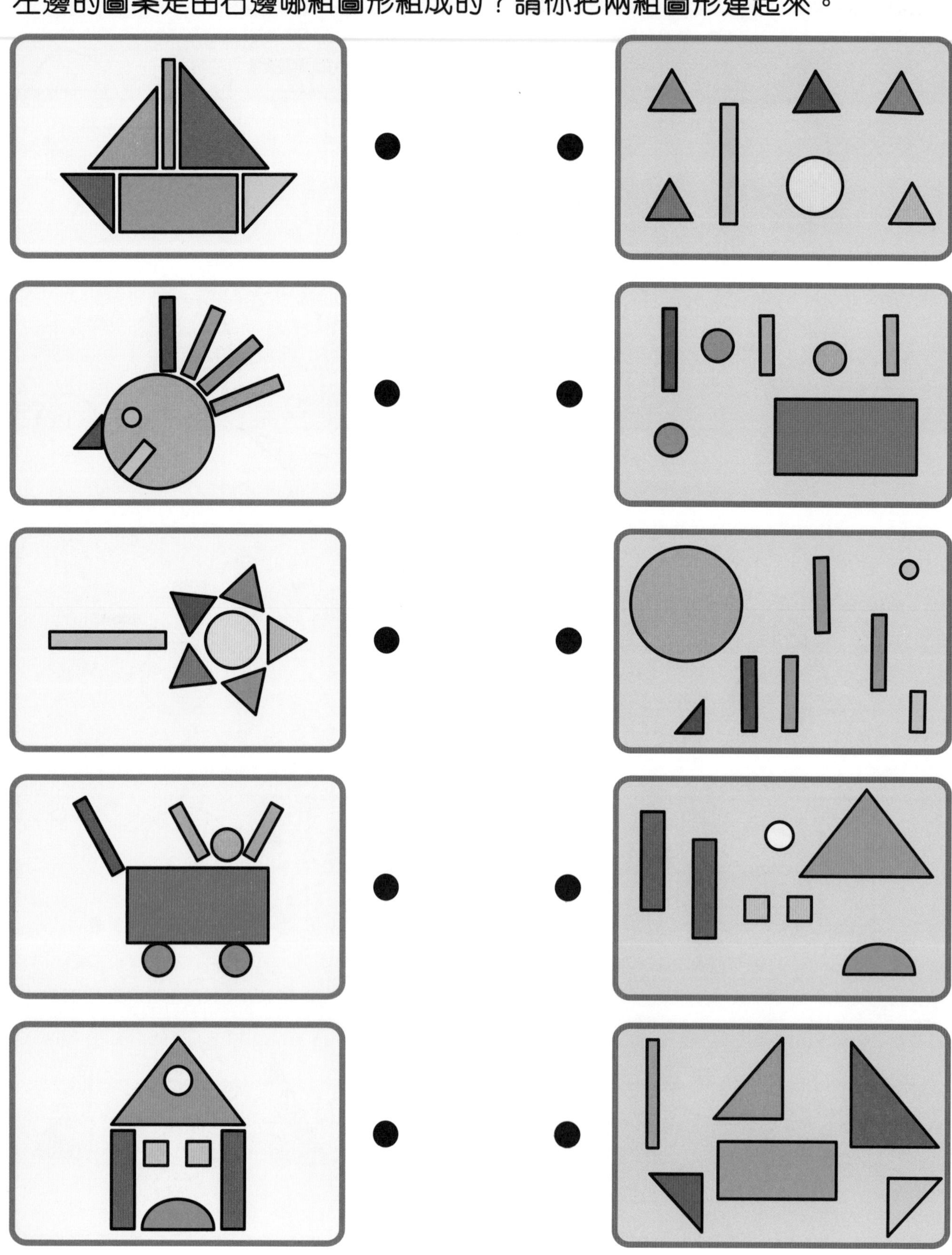

練習 27

面積算一算

下面四種顏色的不規則圖形中，哪塊面積最大，哪塊最小？請你給它們下面的小花塗色，最大的塗紅色，最小的塗綠色。

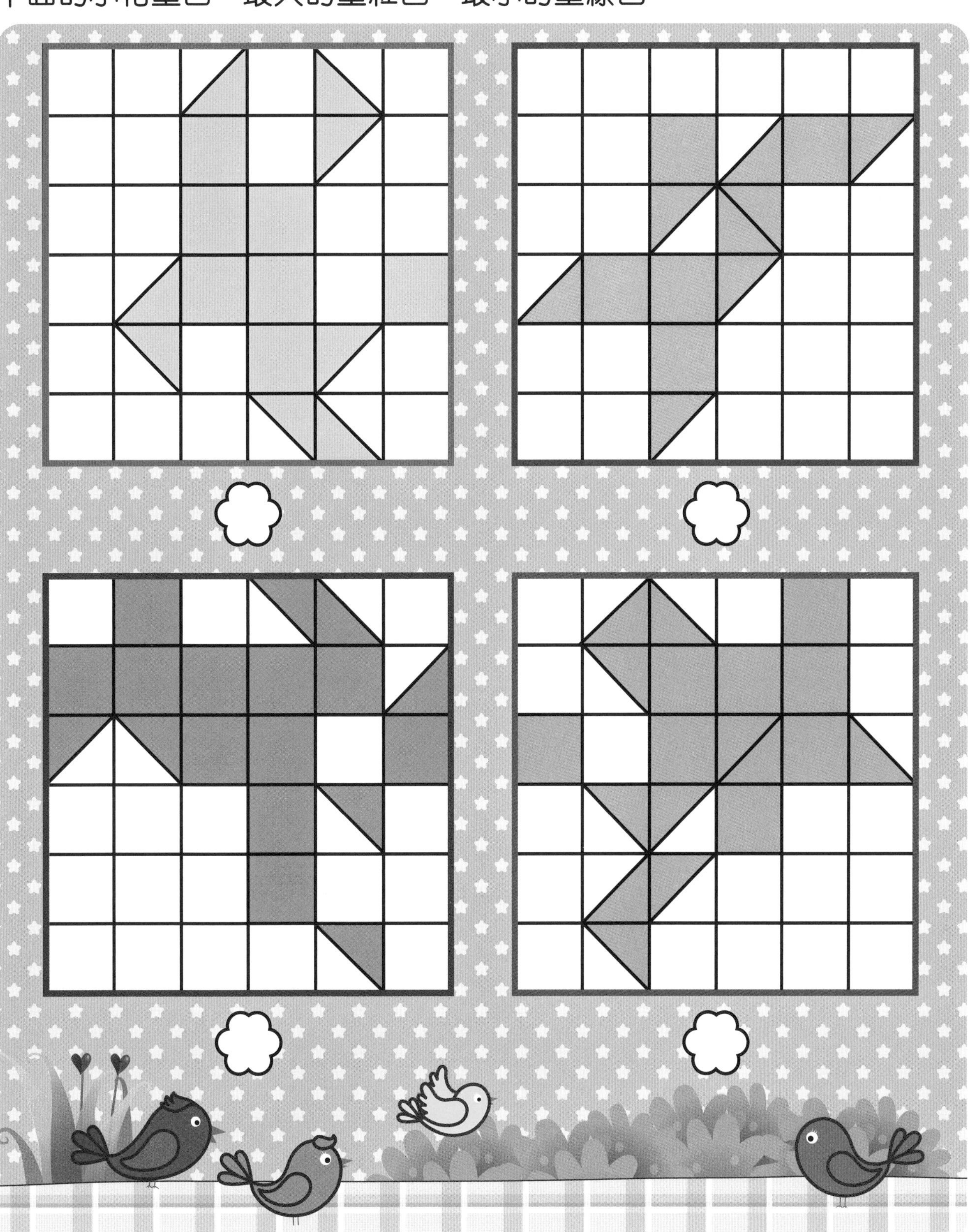

練習 28

小鴨的位置

鴨媽媽帶着小鴨去散步。請你圈出從前面數第三隻小鴨，再圈出從後面數第三隻小鴨，然後想一想為什麼都是第三隻，可牠們的位置不一樣。

顏色排列

第二、第三排兔子的顏色依照第一排排列。請你說一說吃蘿蔔的兔子都是什麼顏色的，然後在相應格子裏塗上這種顏色。

練習 30 運動會

幼稚園舉行運動會。請你思考下面的問題，並圈出正確的數字。

1	2	3	4	5	6	7	8	9	10

7號運動員排在第幾個？

1	2	3	4	5	6	7	8	9	10

第幾號運動員是第一名？

1	2	3	4	5	6	7	8	9	10

第幾號運動員跳得最高？

1	2	3	4	5	6	7	8	9	10

9號運動員排在第幾個？

練習 31 小馬前進

小馬只有沿着較大數字的岔路口前行，才能最快到達終點。請你畫出小馬的前進路線。

漂亮的帽子

動物們戴着漂亮的帽子。請你準備三種顏色的彩筆，把鴨舌帽方向相同的帽子塗上相同的顏色。

完整的圖畫

下面的每幅畫都少畫了一點兒，請你給它們補畫，成為一幅完整的圖畫。

練習 34

圖形的角度

左邊的積木如果從上面看，會是右邊的哪個圖形？請你把它們連起來。

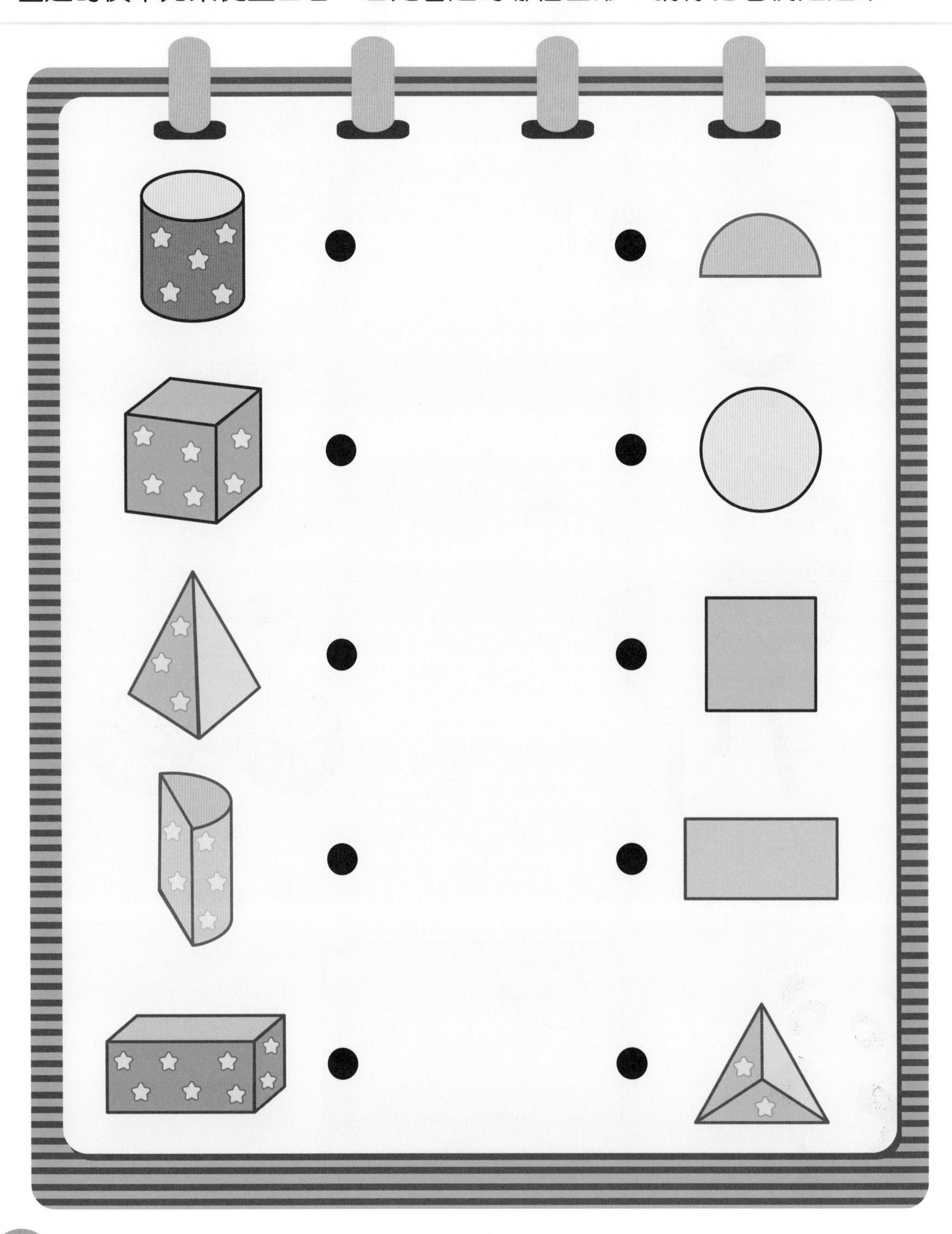

練習 35

左右大不同

請你準備兩種顏色的彩筆，把左邊物品下面的小圓圈塗上一種顏色，右邊物品下面的小圓圈塗上另一種顏色。

圖形的規律

請你學一學動物們舉起手的樣子，數一數舉起了幾隻左手，幾隻右手，然後把正確數量的格子塗色。

動物在哪層

動物們分別住在樓房的第幾層？請你把牠們和對應的樓層數連起來。

練習 38

相同的動作

請你找一找每組豎排圖片中相同的動作，並把它們圈起來。

皮球的顏色

請你準備三種顏色的彩筆，按照動物手中皮球左、中、右的位置給皮球塗色，位置相同的皮球塗相同的顏色。

動物爬梯子

請你從卡紙頁剪下活動卡，幫助動物們爬梯子。說一說，動物們都爬到了梯子的第幾層。

練習 41

小鳥出生了

鳥寶寶出生了。請你按照小鳥成長的先後順序，把數字 1，2，3，4 填在格子裏。(1 是最先，4 是最後)

練習 42

季節活動

請你觀察下面的圖片，把動物的活動和相對應的季節連起來。

練習 **43**

堆雪人時間

下雪啦，小熊和熊媽媽到雪地裏堆雪人。請你按照時間先後順把數字 1，2，3，4 填在圓圈裏。(1 是最先，4 是最後)

練習 44

向日葵的生長

請你按從小到大、葵花籽變成向日葵的順序，從卡紙頁剪下 1-6 的卡片，放在格子裏。（1 是最先，6 是最後）

練習 45

重的一邊

請你把每組中重的那邊的格子塗色，一樣重就把兩個格子都塗色。

①

②

③

練習 46

輕重的排序

動物們在玩蹺蹺板，誰最重，誰最輕？請你按照從重到輕的順序把數字 1，2，3 填在格子裏。

練習 47

對應的重量

一隻松鼠和五隻小鳥一樣重。請你觀察下面的四幅圖，想一想蹺蹺板哪邊重，就把重的那邊的格子塗色。如果兩邊一樣重，就把兩個格子塗上相同顏色。

練習 48

玩蹺蹺板

小豬和小羊在玩蹺蹺板，小狗站在中間時，蹺蹺板兩邊一樣重。請你觀察下面的三幅圖，想一想蹺蹺板哪邊重，就把重的那邊的格子塗色。如果兩邊一樣重，就把兩個格子塗上相同顏色。

練習 49

相等重量

觀察下面的圖，想一想，一個西瓜等於多少個蘋果的重量？請你把正確數量的蘋果圈起來。

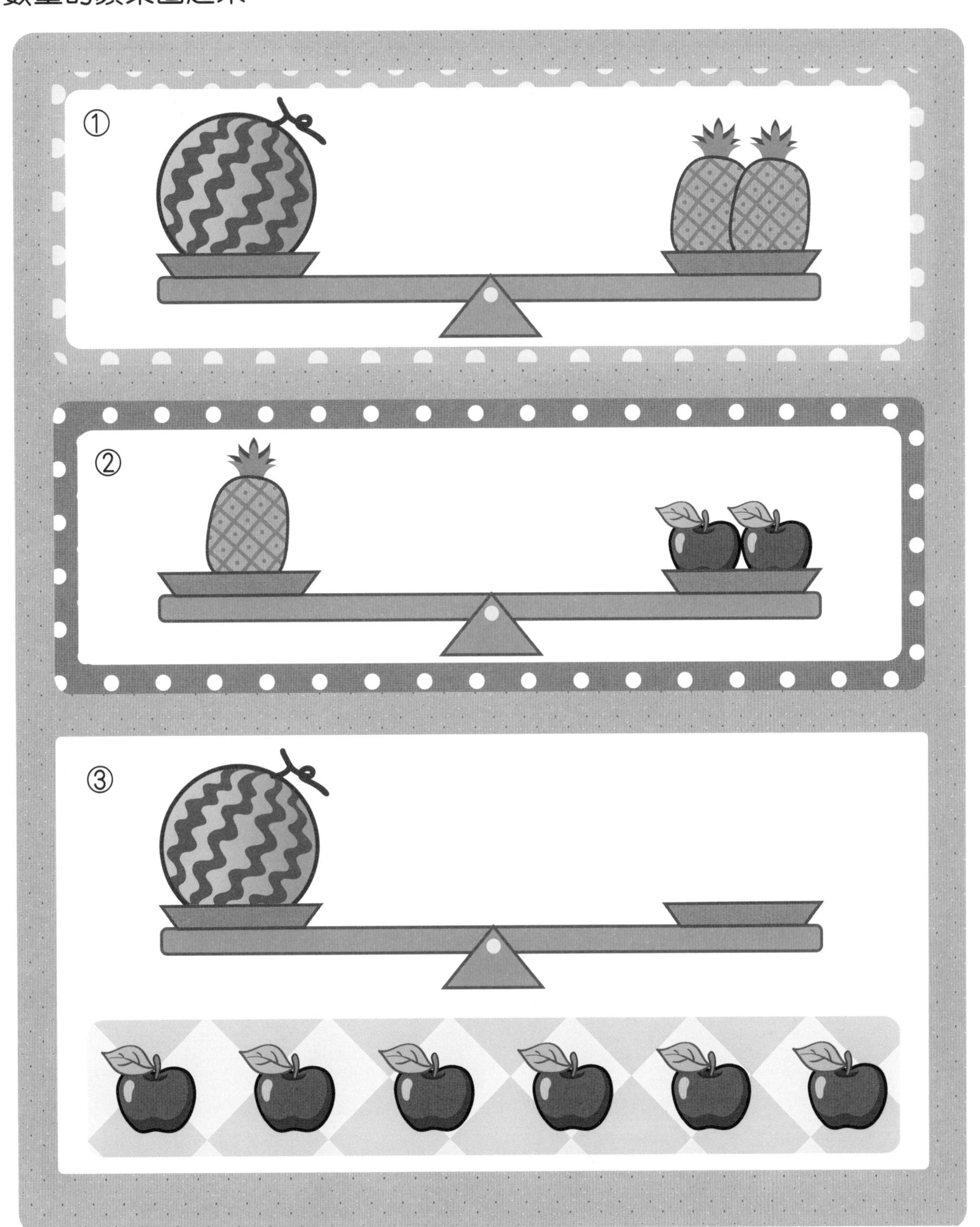

小羊曬衣服

小羊洗了很多運動服，可每條繩子上都少掛了一件。找一找每條繩子上少的是第幾號運動服，請你把運動服跟相配的晾衣架連起來。

練習 51

缺少的磚塊

準備四種顏色的彩筆。看看下面的磚牆缺少了哪一塊，請你把磚塊和牆上缺口的小圓圈塗上相同的顏色。

練習 52

動物乘公車

車上只有四個座位。如果按照下面動物的排隊順序，誰能坐在座位上？請你把牠們圈起來。

練習 53

被遮蓋的動物

被大樹遮蓋的動物是第幾號，請你把數字寫在格子裏。

①

②

③

練習 54

圓點的規律

請你觀察黃龍和紅龍身上圓點的數量變化規律，然後在空白圓圈中畫出正確數量的圓點。

數字組合

請你在每個空白圓圈中寫一個數字，使這些數字相加後等於中間的數字。

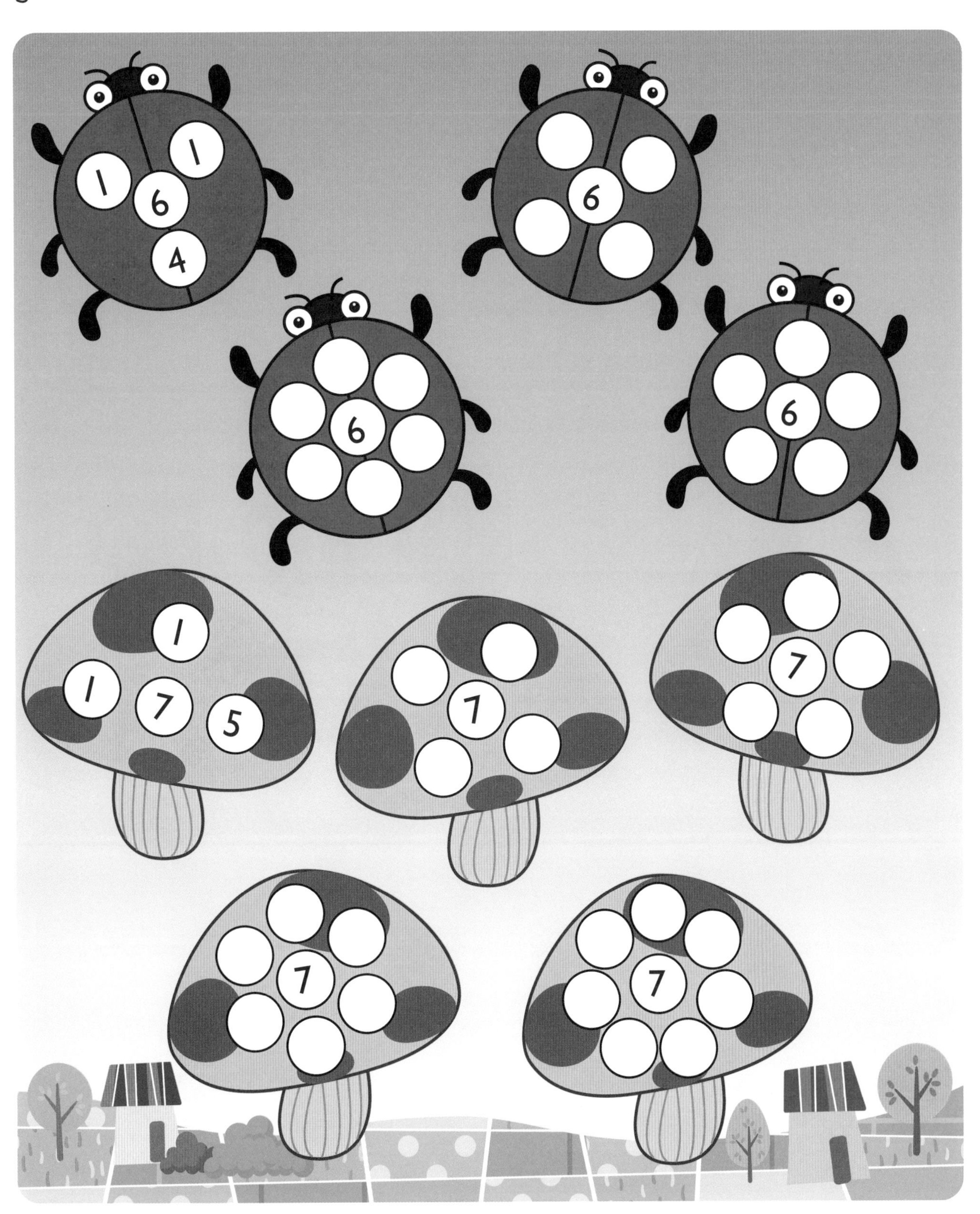

練習 56 最多水的壺

右邊每個杯子裏裝的水一樣多，把右邊杯子裏的水倒進左邊的壺裏，正好倒滿。想一想哪個水壺裝的水最多，請你把它圈起來。

練習 57

小馬倒水

四匹小馬用水桶裝水，倒進水缸。想一想誰的水缸能先裝滿水，請你在水缸上畫一朵花。

圖形變化規律(一)

請你觀察每組圖形的變化規律，然後在適當的位置上畫出正確的圖形和數量。

①

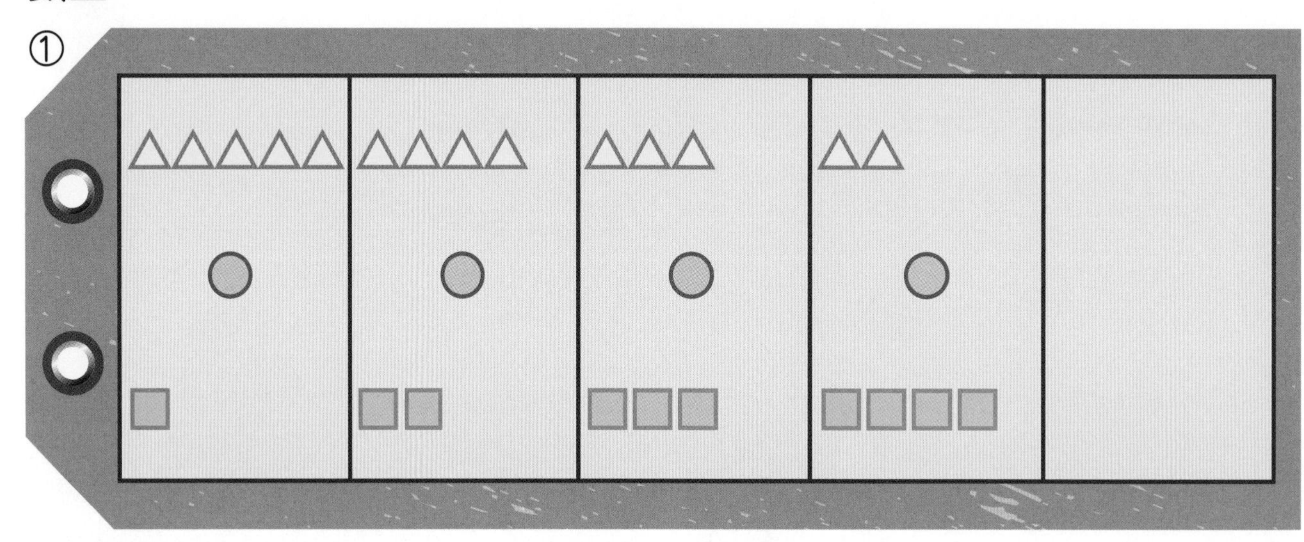

②

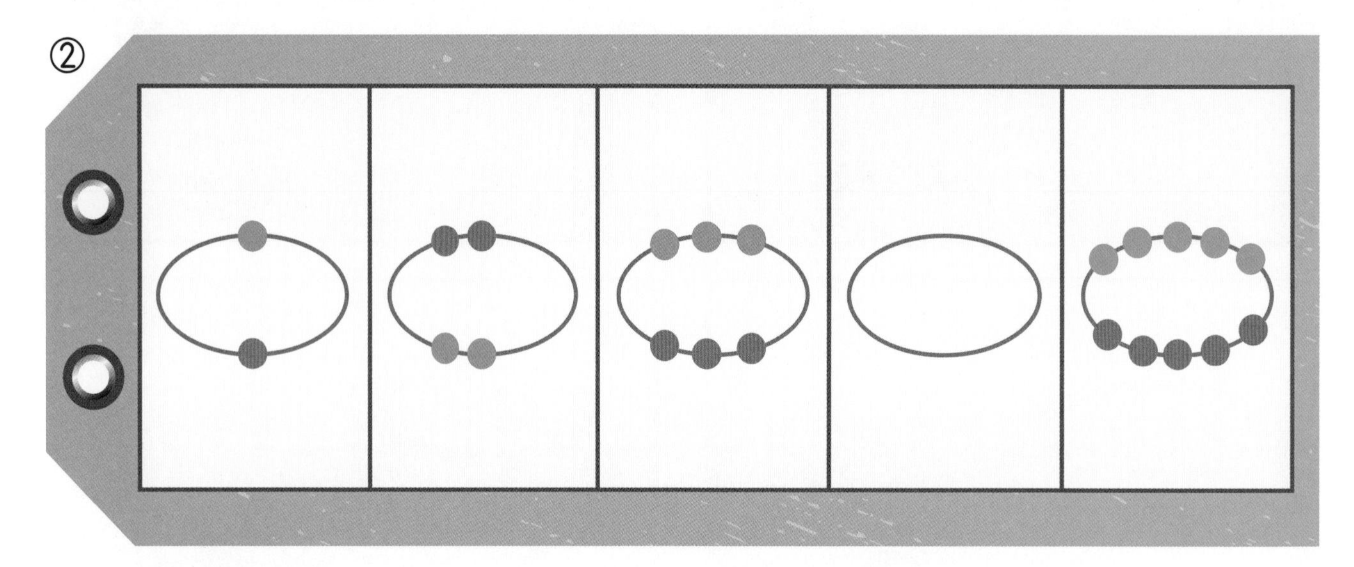

③

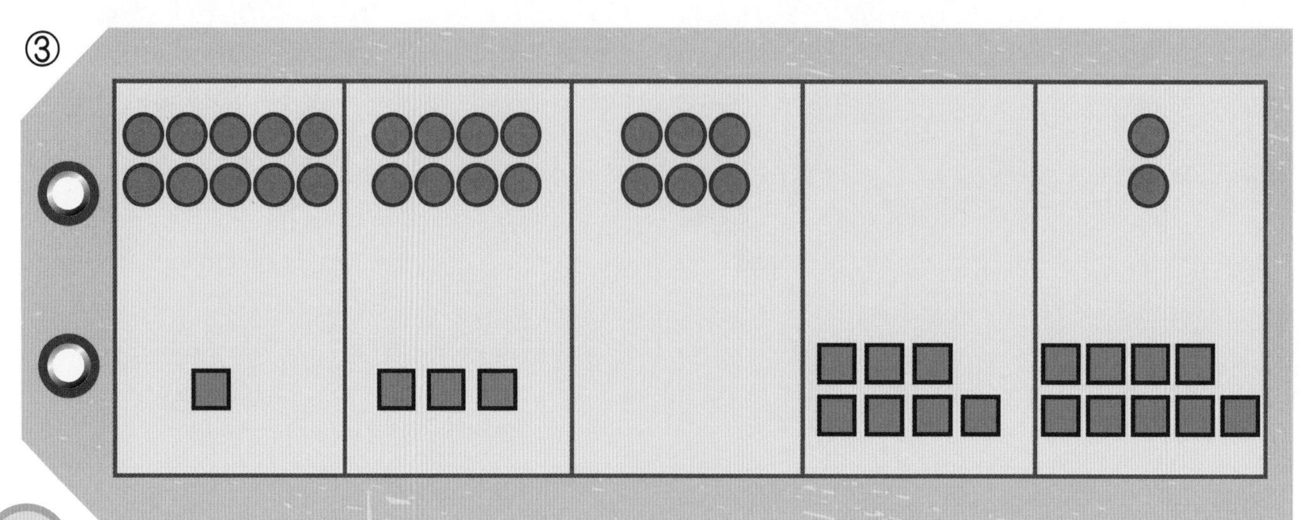

圖形變化規律(二)

請你觀察每組圖形的變化規律，然後在格子裏畫出正確的圖形。

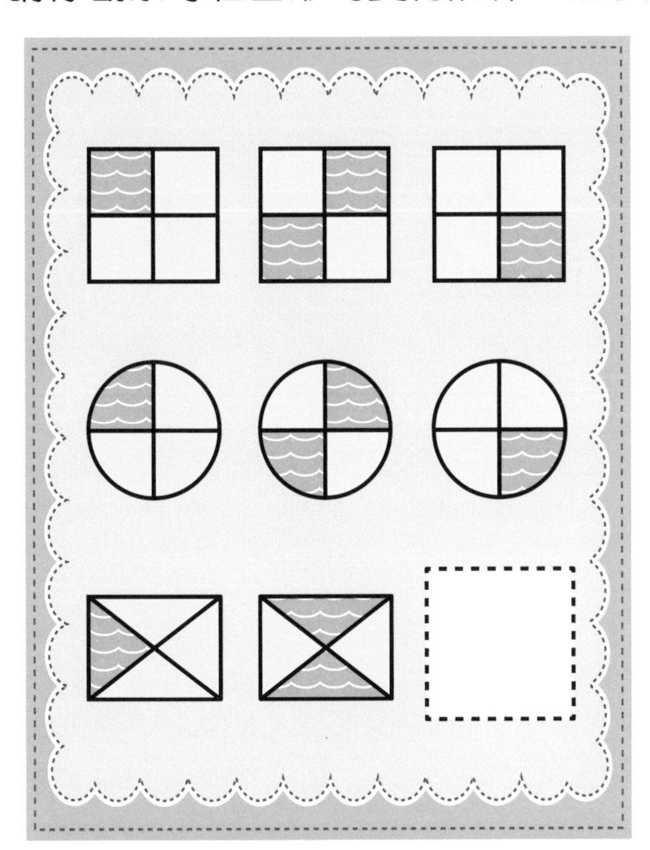

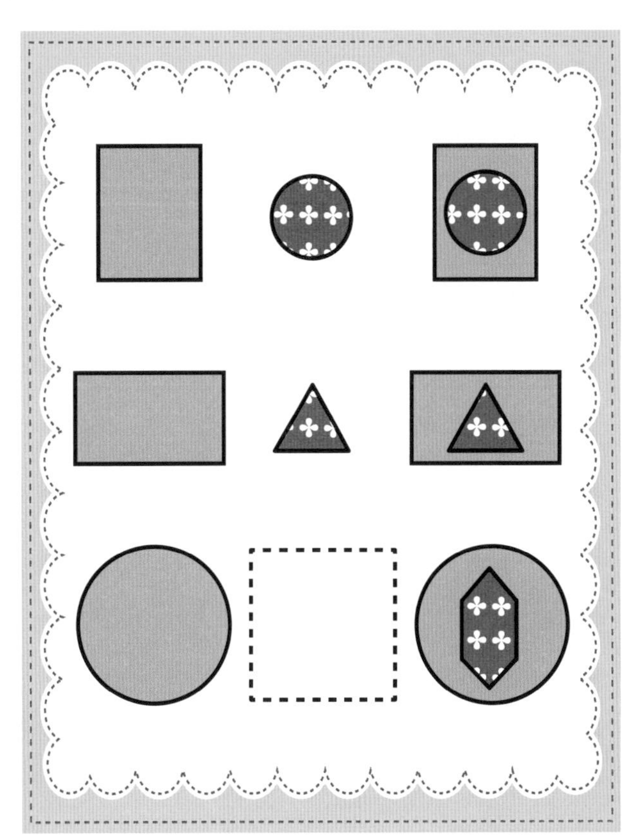

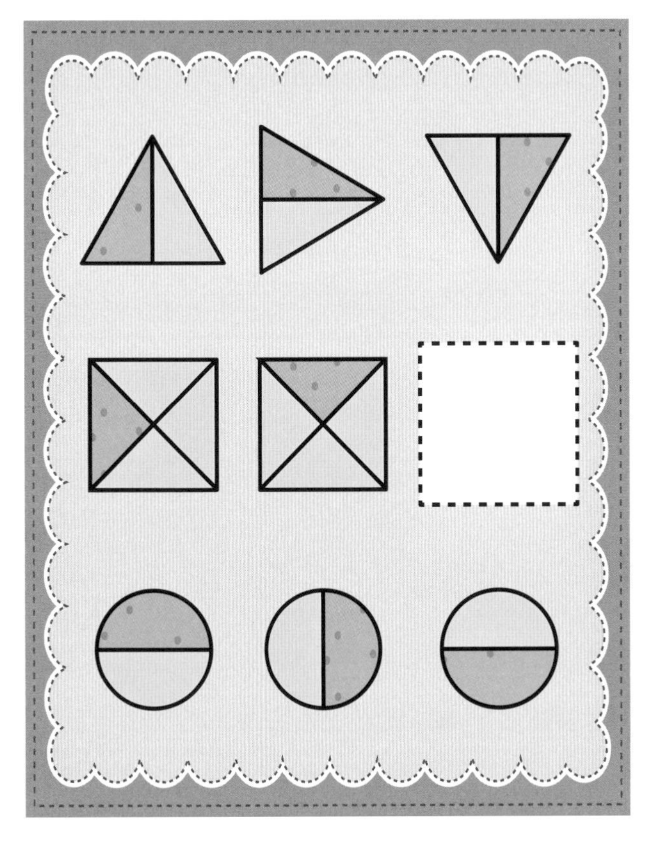

練習 60

排列規律(一)

請你觀察每組圖形的排列規律，然後在格子裏畫出正確的圖形。

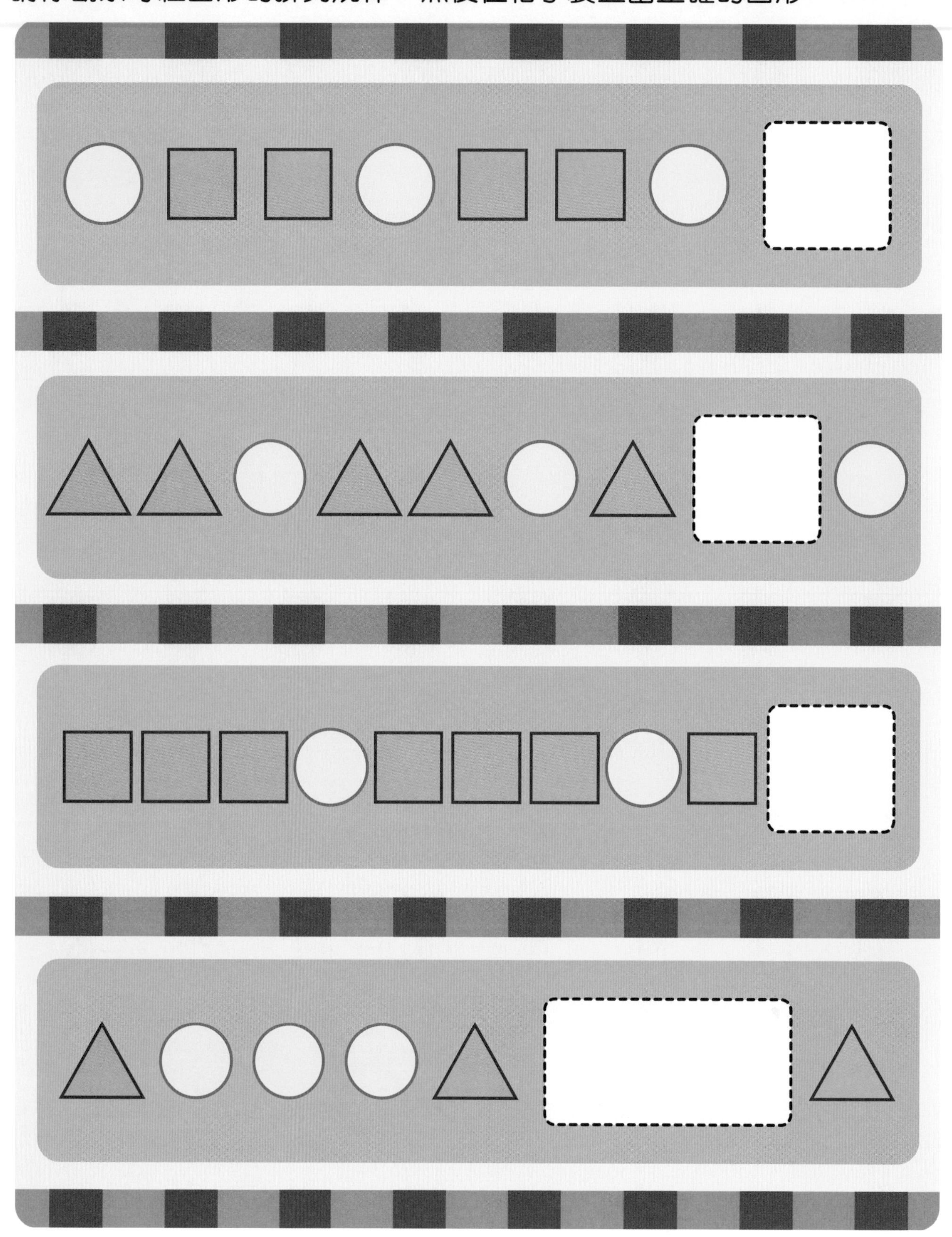

排列規律（二）

觀察每組球的排列規律，想一想空白處應該是什麼球，請你畫出來。

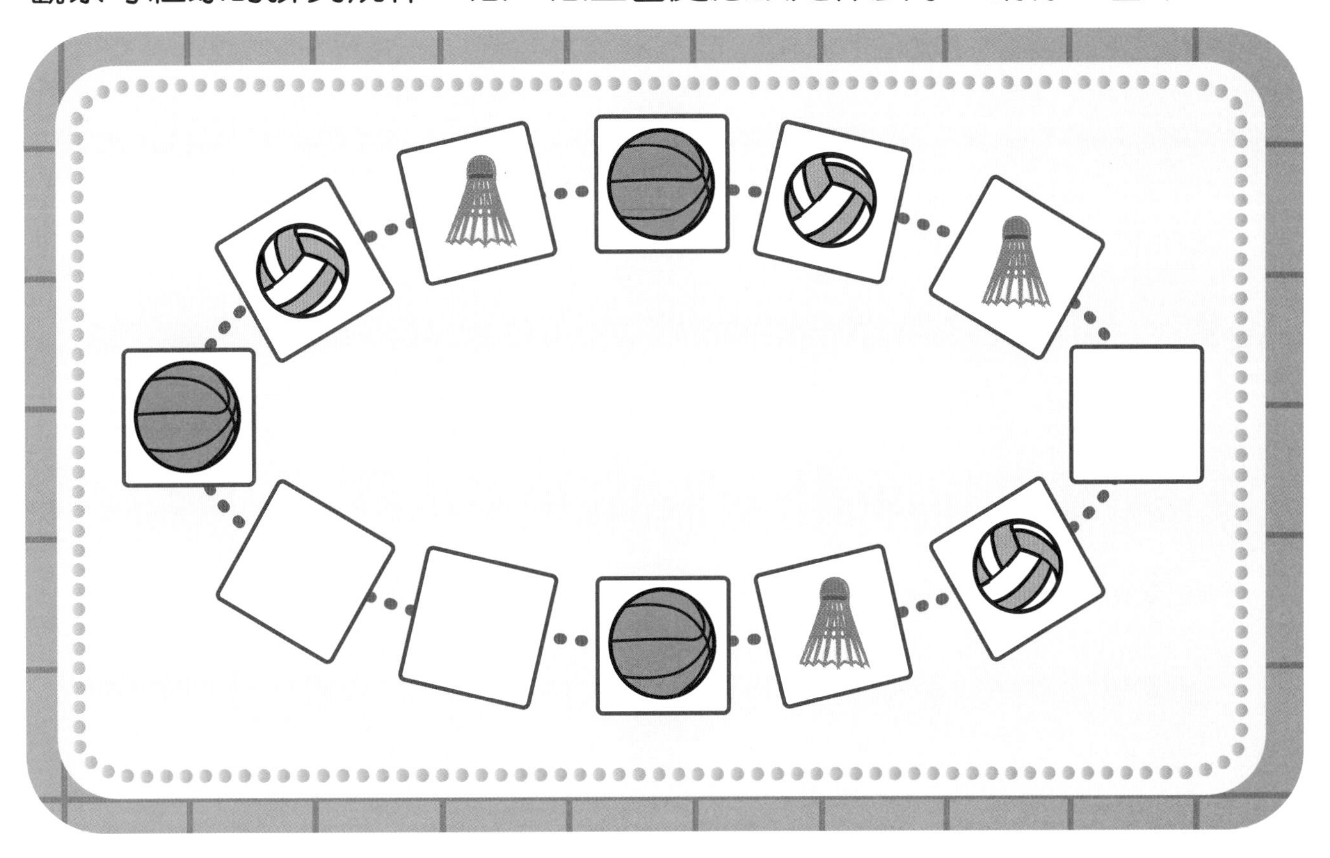

練習 62

排列規律（三）

請你觀察每組圖形的排列規律，然後在格子裏畫出正確的圖形。

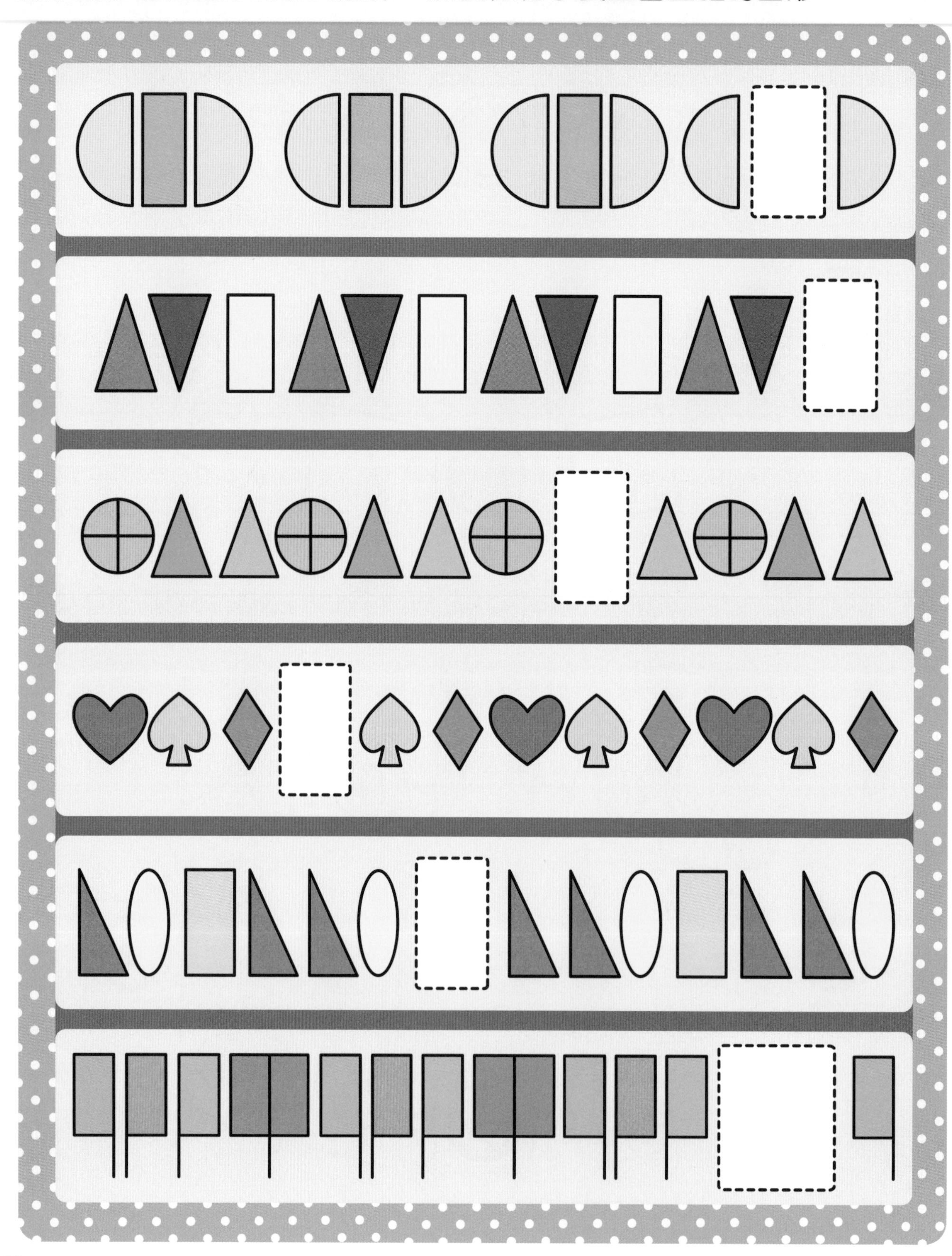

練習 63

排列規律（四）

請你觀察左邊圖形的排列規律，然後從右邊圈出一個正確的圖形。

?

?

?

?

?

?

變化規律

請你觀察每組圖形的變化規律，然後在格子裏畫出正確的圖形。

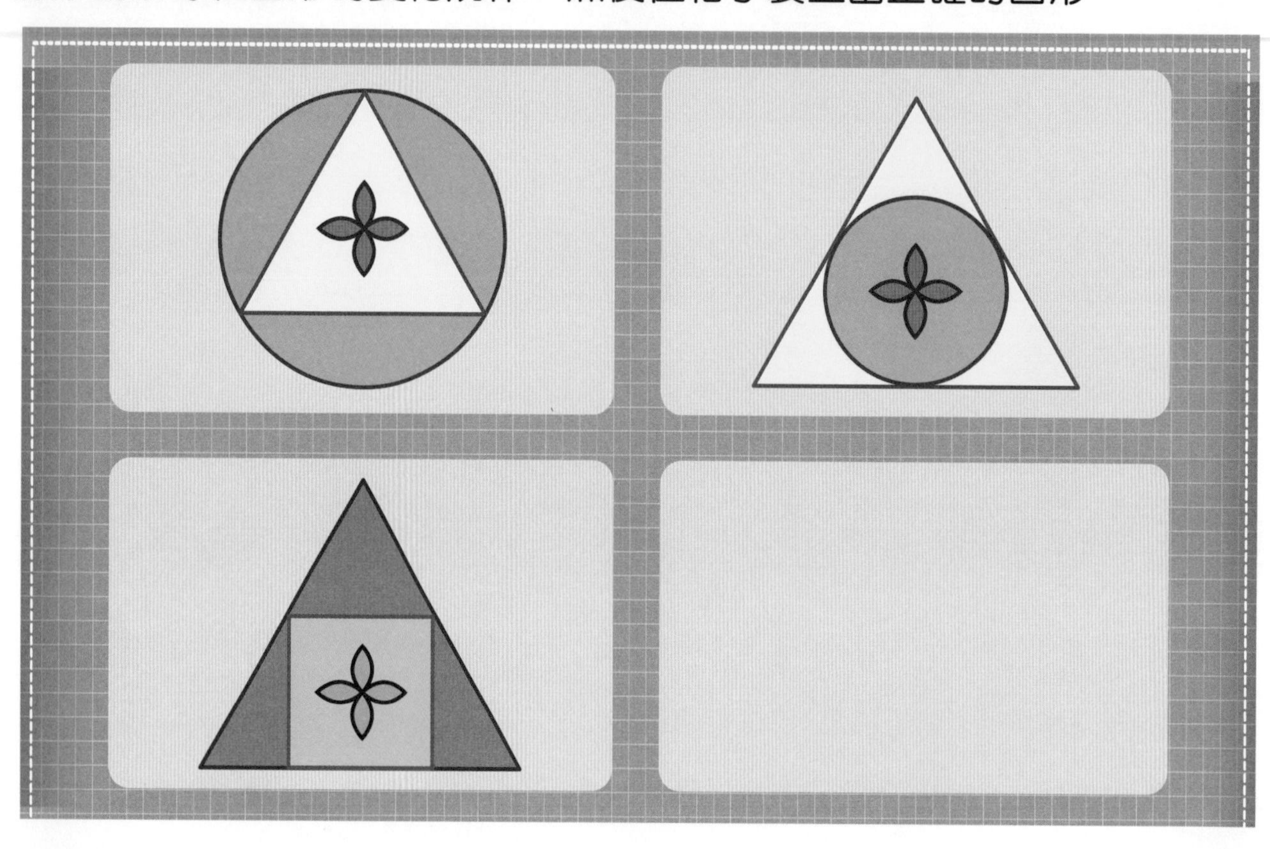

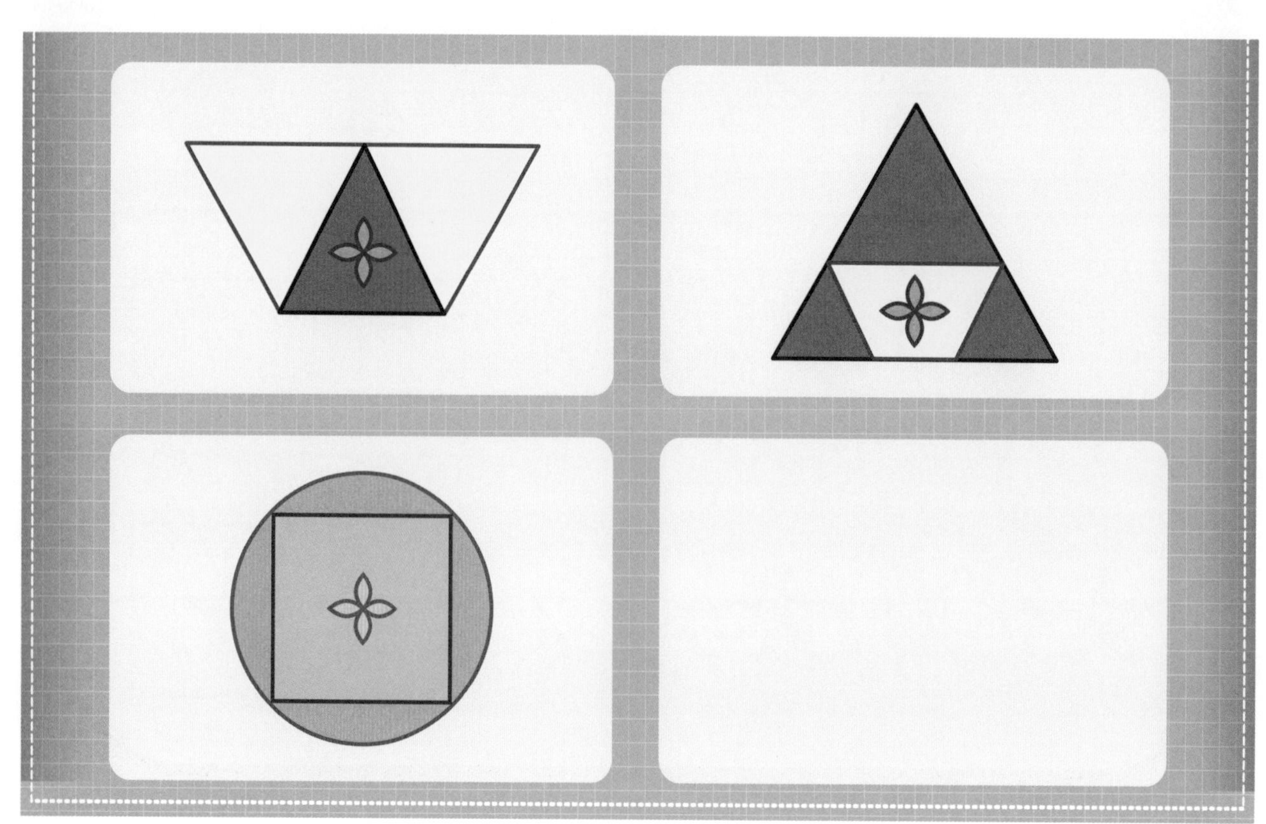

塗出了什麼

請你把圖中的三角形都塗上漂亮的顏色，塗完後看一看會出現什麼。

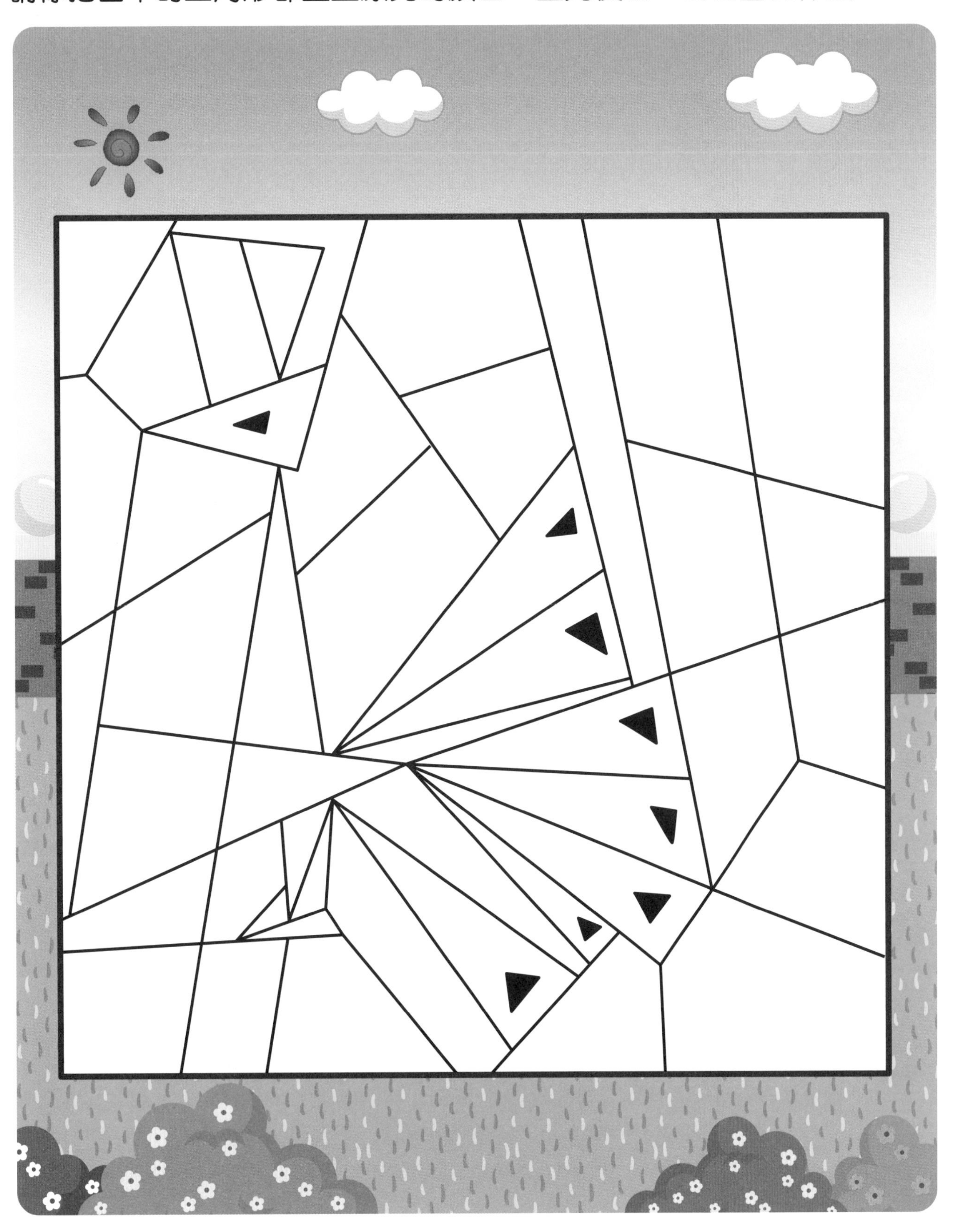

鳥兒在做什麼

鳥兒快樂地生活在大樹上。請你仔細觀察牠們的姿態，發揮想像力，說一說它們都在做什麼。

漂亮的熱氣球

發揮你的想像力，幫助動物們把熱氣球裝飾得漂漂亮亮吧！

動物分蛋糕

蛋糕下面有多少隻動物，就把蛋糕分成相同等份，分給每隻動物。請你在蛋糕上畫出分割線。

漂亮的雨傘

請你給雨傘畫上漂亮的圖案和花紋，每個傘面的花紋都要不一樣。

相間的排列

六隻小狗排成一行。請你把兩隻小狗互調位置，使長耳朵小狗和短耳朵小狗間隔着排，圈出這兩隻小狗下面的數字。

請你準備兩種顏色的彩筆，把下面的六隻小貓塗成間隔的顏色。

練習 71

漂亮的衣服

請你給動物的衣服畫上漂亮的圖案。

練習 72

圖形變動物

下面的動物都是由各種圖形組成的，請你也試着用這些圖形畫一畫，看看會變成什麼。

練習 73

直線的創作

下面的物品都是用直線畫成的，請你也試着用直線畫一畫不同的物品。

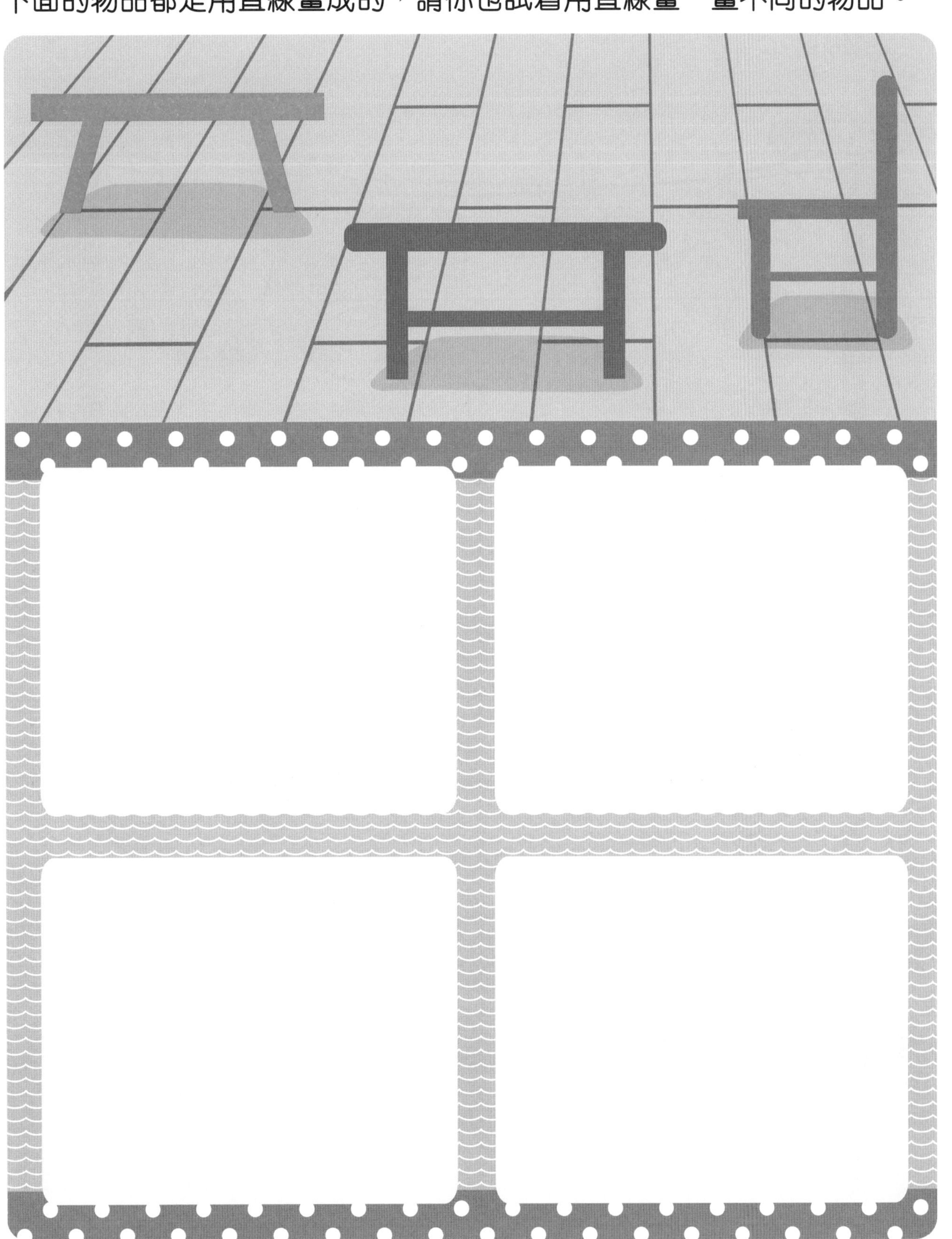

找襪子

請你觀察上圖三十秒，然後蓋住上圖看下圖。哪隻襪子沒有在上圖中出現，請你把它圈起來。

練習 75

多出來的動物

動物們在森林裏玩遊戲。請你看圖三十秒，記住有哪些動物，然後翻到下一頁，看一看多了哪些動物，把牠們圈起來。

記憶力

練習 76

一樣的花瓶

觀察上面的花瓶一分鐘，然後蓋住這個花瓶，看一看（1）-（6）的花瓶中哪一個和上面的一樣，請你把它圈起來。

練習 77

動物與數字

記住下面的數字所代表的動物，然後從卡紙頁剪下動物卡片，放在相應的格子裏。

練習 78

相同的圖片

記住下面的圖片，然後翻到下一頁，看看哪些圖片和這一頁的相同，請你把它們圈起來。

練習 79

相同的斑點

這些斑馬身上長着不同顏色和形狀的斑點，請你記住，然後翻到下一頁，給牠們塗上與這一頁相同的斑點。

記憶力

答案

練習1： 第1組：水果、運動器材
第2組：平面圖形、立體圖形
第3組：帽子、手套
第4組：水果、蔬菜
第5組：鞋子、花朵
第6組：船、車

練習2：

最左的小狗缺少了黃色的左手手套；
第二隻小狗缺少了一雙粗藍色邊的手套；
第三隻小狗缺少了一條幼藍色邊的圍巾；
最右的小狗缺少了粉紅色白點的右手手套；

練習3： 動物：8格；立體圖形：6格；鞋：3格；
交通工具：5格；平面圖形：3格

練習4： 黃色汽車：7格；貨車：6格；摩托車：10格；
公共汽車：4格

練習5：

練習6： 遙控器和電視；燈泡和電燈；電池和手電筒；
紙和打印機；膠卷和照相機

練習7： 電飯煲、筷子和米飯；
磚頭、鐵鏟和房子；
書包、書本和鉛筆

練習8： 家禽：鵝、雞、鴨子；
家畜：兔子、豬、羊；
野生動物：馬、狼、大象、豹

練習9： 第1題：汽車；第2題：小熊
第3題：地球儀；第4題：櫃子
第5題：飛機

練習10： 分為水果、蔬菜、文具三類

練習11： 第1題：滑鼠；第2題：火柴盒；
第3題：鎖；第4題：飯鏟；
第5題：短褲；第6題：炒鍋

練習12： 第1題：鉛筆刨和鉛筆；第2題：貓和狗；第3題：火柴和打火機；第4題：飛機和直升機；
第5題：燕子和小鳥；第6題：叉子和勺子

練習13： 小學生：剪刀、三角尺、鉛筆刨、書本
廚師：蛋糕、布丁、香腸、蛋、草莓
運動員：籃球、欖球、羽毛球、乒乓球拍

練習14： 第1題：碗和筷子
第2題：鳥和鳥籠
第3題：弓和小提琴
第4題：士巴拿和螺絲
第5題：上衣和球鞋
第6題：滑板和輪子

練習15：

練習16： 略

練習17：（例） 按照文具、體育用品、日用品和玩具分類

練習18：

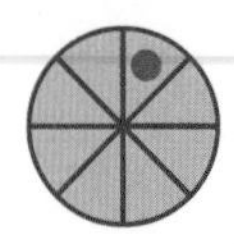

練習19： 第①題：3，2，1，4；
第②題：1，2，3；
第③題：3，2，1，5，7，4，6

練習20：

練習21： 第4隻

練習22： 略

練習23： 少了一個碗和兩隻勺子；多了一隻碟子

練習24：（從左往右數）鹿是第7個；熊貓是第8個；
貓是第6個；豬是第2個；
（從右往左數）兔是第2個；熊是第7個；
松鼠是第1個；猴子是第6個

練習25：

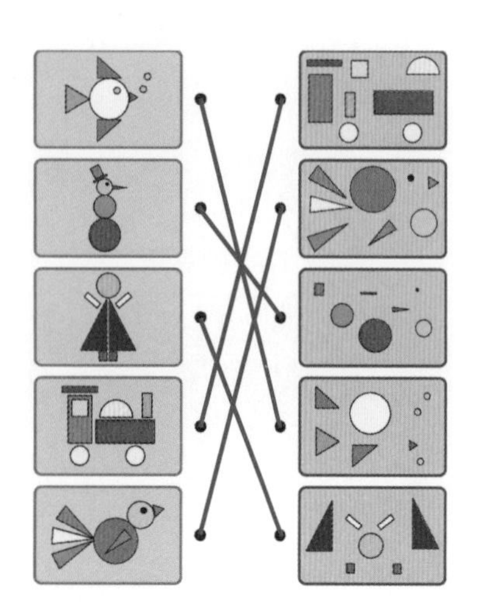

練習26：

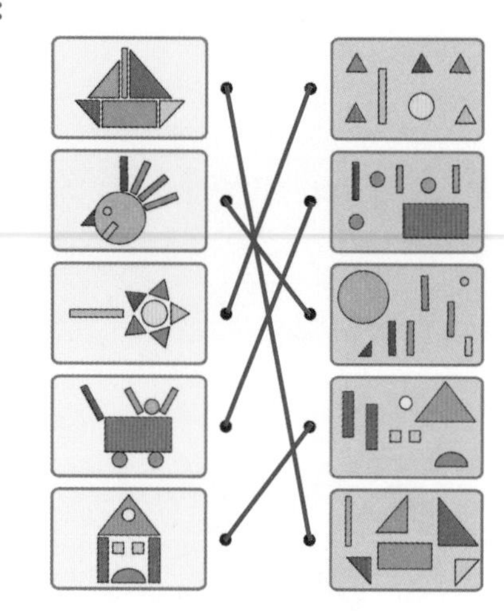

練習27： 最大（把小花塗上紅色）

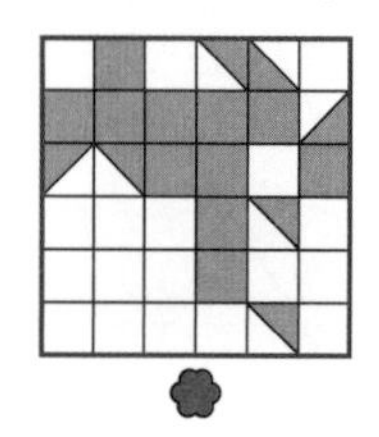

最小（把小花塗上綠色）

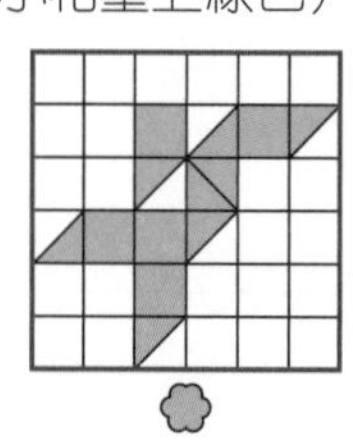

練習28：

因為數數的起始位置不同

練習29：

左 | | | | | | | 右

左 | 白色 | | | | | | 右

練習30： 6號運動員得第一名；
8號運動員跳得最高；
9號運動員排在第三個。

練習31： 路線： 9-20-31-45-56-67-80-94-96-99

練習32： 松鼠、小狗和小豬的帽子同色；
小熊和小貓的帽子同色；
刺蝟、熊貓和猴子的帽子同色

練習33： 略

練習34：

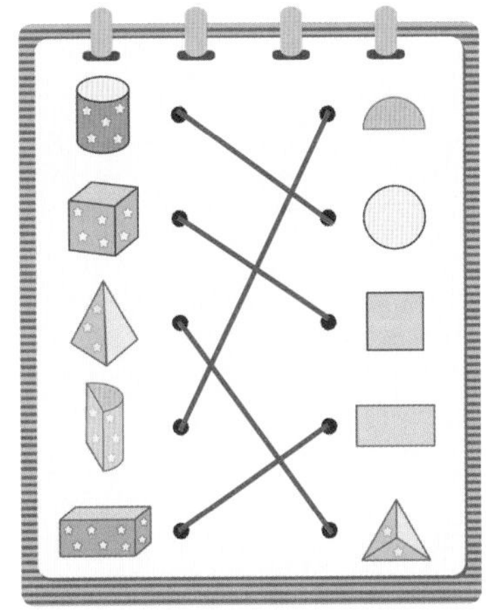

練習35：

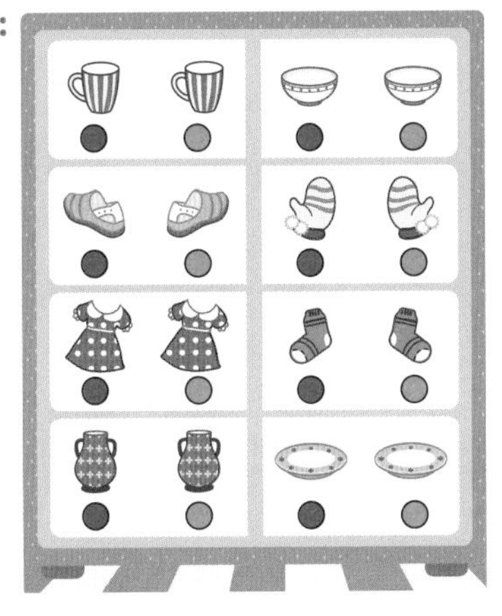

練習36： 左手2個；右手4個

練習37：

動物				
樓層	8	7	6	5

動物				
樓層	4	3	2	1

練習38： 蜻蜓和蜜蜂都在飛；
烏龜和魚都在游

練習39：

練習40： 略

練習41： 左上：3；右上：1
左下：2；右下：4

練習42： 小鴨對應春天；小馬對應夏天；
小鹿對應秋天；小猴對應冬天
備注：荷花於夏天盛開。

練習43： 左上：3；右上：2
左下：4；右下：1

練習44： 左上：6；右上：3
左中：4；右中：1
左下：2；右下：5

練習45： 第1題：右邊重
第2題：左邊重
第3題：一樣重

練習46： 小豬是1；小狗是2；小猴子是3

練習47： 左上：左邊重；右上：右邊重；
左下：左邊重；右下：一樣重

練習48： 第1題：一樣重；
第2題：左邊重；
第3題：右邊重

練習49： 1個西瓜和4個蘋果一樣重

練習50：

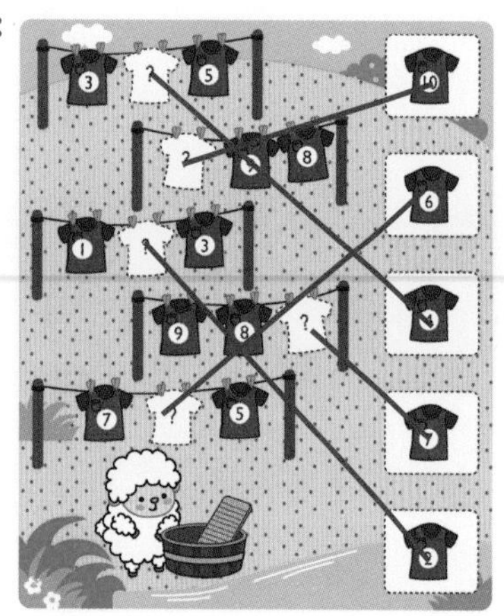

練習51：

練習52： 圈出河馬、熊貓、小羊、小老鼠

練習53： 第1題：4；第2題：3；
第3題：10

練習54：

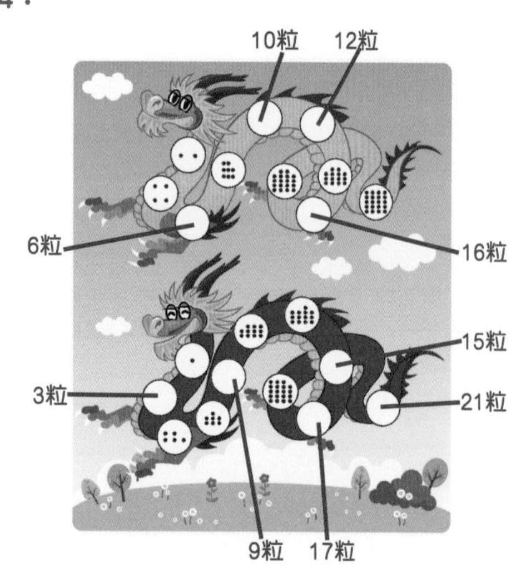

練習55： 2+2+1+1=6 或 3+1+1+1=6
2+1+1+1+1=6
1+1+1+1+1+1=6
1+1+2+3=7 或 4+1+1+1=7
1+1+1+1+3=7 或 2+2+1+1+1=7
1+1+1+1+1+2=7
1+1+1+1+1+1+1=7

練習56： 中間橙色直紋的水壺裝水最多

練習57： 圖4小馬的水缸能先裝滿，因水桶最大，盛水最多

練習58： ① 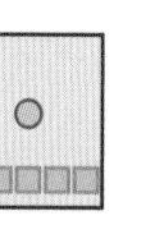 ② 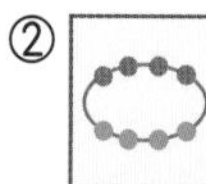 ③ 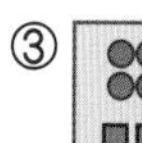 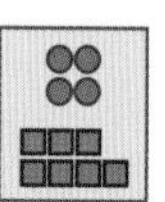

練習59：

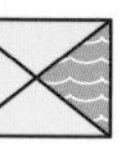  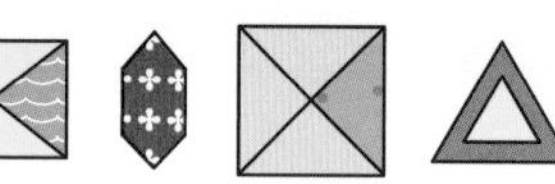 

練習60：

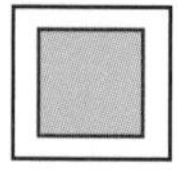 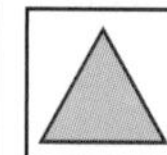 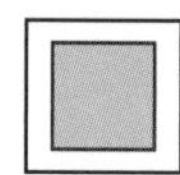 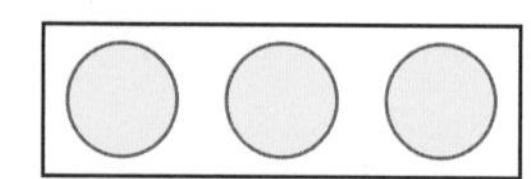

練習61：

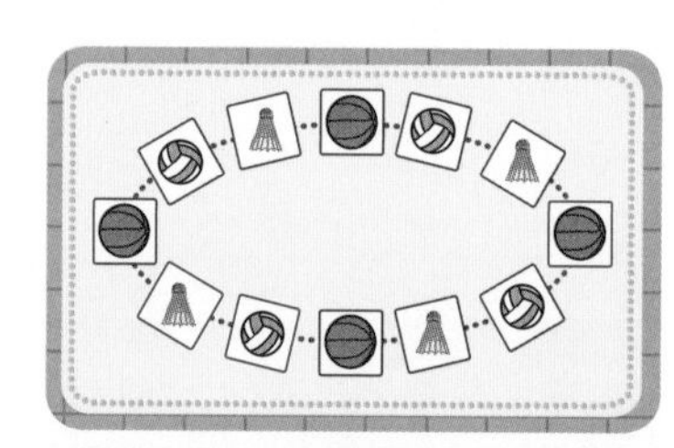

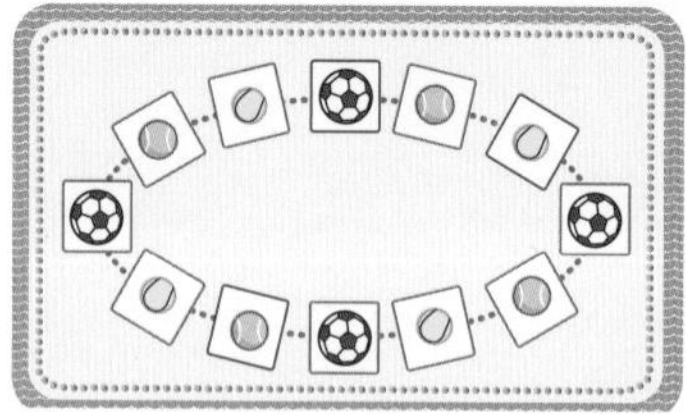

練習62：

練習63：

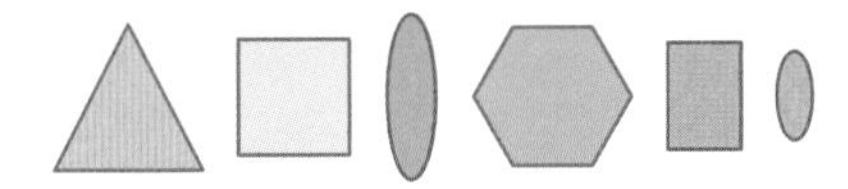

練習64：

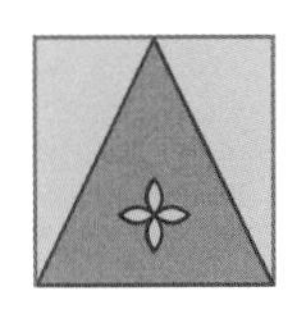

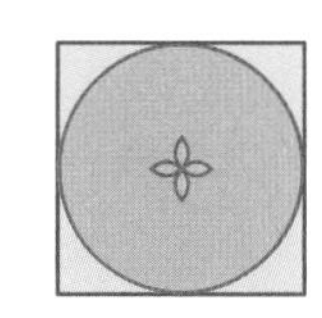

練習65-67：略

練習68：

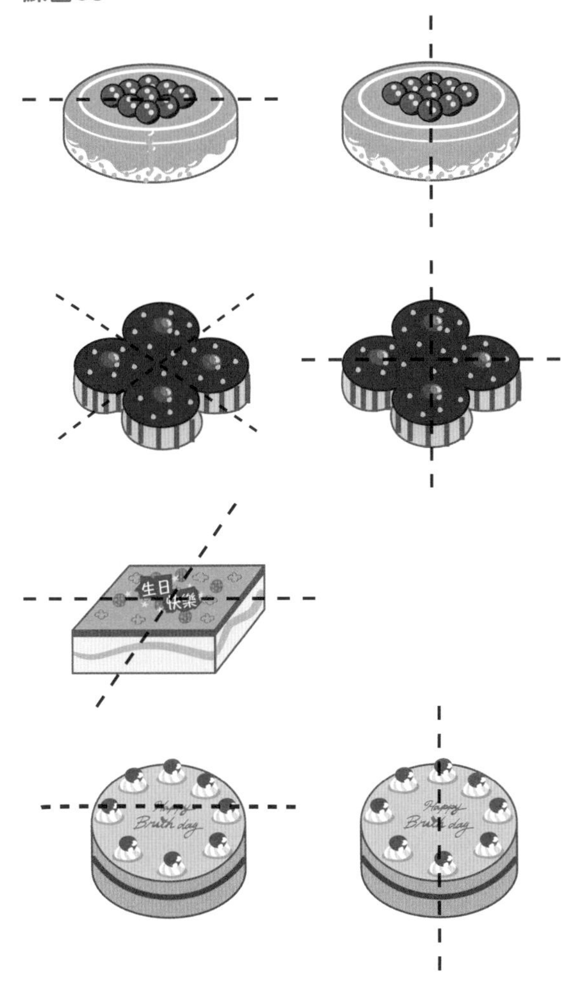

練習69：略

練習70：互調2號和5號小狗

練習71-73：略

練習74：

練習75：多了小浣熊、小刺蝟，以及小鴨子和小松鼠各增加了一隻

練習76：第6個花瓶

練習77：略

練習78：和上一頁一樣的物品：
蟬、放大鏡、飛機、花盆

練習79：略

第 14 頁

第 16 頁

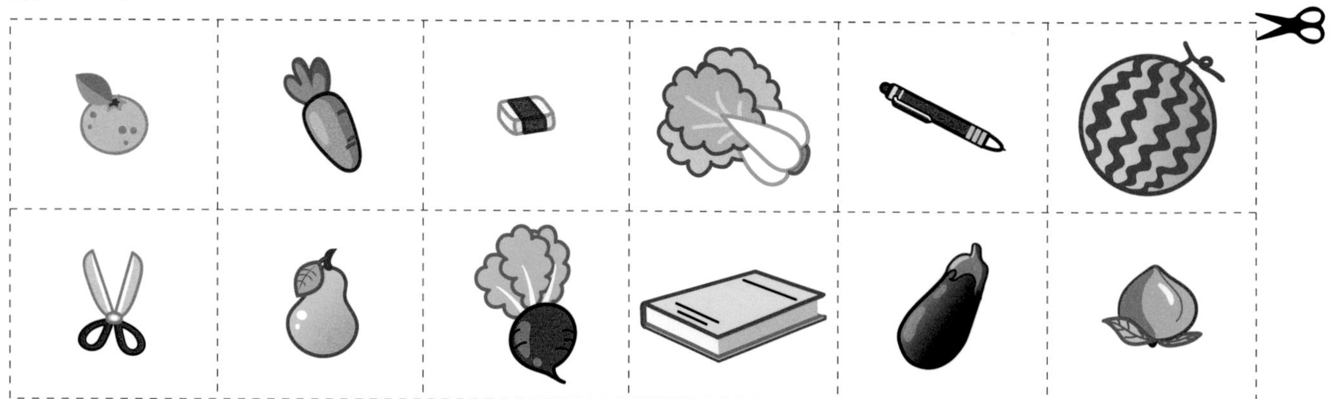

第 23 頁

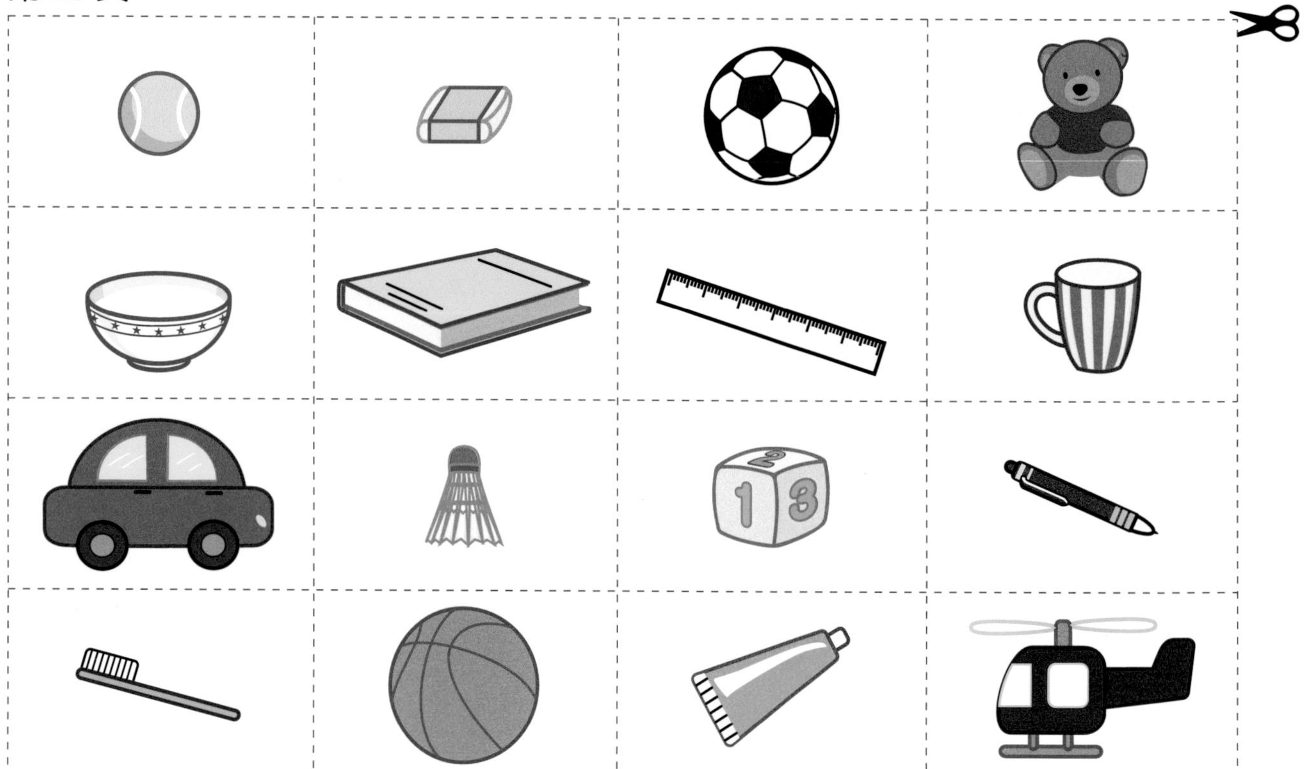

© 新雅文化

第 46 頁

第 50 頁

1	2	3	4	5	6

第 84 頁

© 新雅文化